MESSER SCHÄRFEN MIT DEM SCHLEIFSTEIN

Rafael Schlünder

MESSER SCHÄRFEN

MIT DEM SCHLEIFSTEIN

Detaillierte Anleitungen mit wertvollen Tipps
für Anfänger und Fortgeschrittene

LV.Buch
Die Begeisterungswerkstatt

Wenn ich Messer schleife,
bin ich in meiner eigenen Welt.

Liebe Leser,

ich freue mich, Sie in diesem Buch begrüßen zu können. Ich möchte mit Ihnen die Fähigkeit teilen, Messer und Klingen zu schärfen und das – wie der Titel schon sagt – hauptsächlich am Stein.

Das Arbeiten am Stein empfinde ich als die individuellste Methode, Klingen zu schärfen. Hier können wir unseren Messern genau die Schärfe verleihen, die wir haben möchten. Es gibt viele gute Schärfegeräte, die diese Aufgabe sehr vereinfachen. Aber ich glaube, bei der Arbeit am Stein entwickeln wir ein besseres Verständnis für Schärfe und erfahren eine besondere Wertschätzung für die Handarbeit und das, was wir geschafft haben. Ich hoffe, dass Sie den Ansporn bekommen, auch alte, vielleicht bereits ausrangierte Klingen wiederzubeleben, statt sie zu entsorgen.

In diesem Buch findet sich Wissenswertes zum Thema Schärfen und vor allem: ganz viel Praxis. Detaillierte Schritt-für-Schritt-Anleitungen mit zahlreichen Fotos erleichtern Ihnen den Einstieg ins Schärfen am Stein. Für spezielle Klingenformen verlasse ich das Thema Schleifstein und stelle Ihnen bewährte Möglichkeiten vor, auch diese Messer wieder scharf zu bekommen.

Das Schärfen am Stein mag zu Beginn etwas schwierig erscheinen, doch lassen Sie sich nicht entmutigen! Diese Tätigkeit ist nicht nur Arbeit, sondern auch Vergnügen und hat manchmal etwas Meditatives und Entspannendes.

Ihr Rafael Schlünder

Theorie – Weil Hintergrundwissen nicht schadet

DAS MESSER 8
Der Einstieg ins Thema

SCHLEIFSTEINE 30
Wer die Wahl hat, hat die Qual

SCHARF HALTEN MIT ABZIEHRIEMEN UND WETZSTAHL 36
So bleiben die Messer „fit“

DIE GRUNDLAGEN DES SCHÄRFENS 44
Was man wissen sollte

Praxis – Jetzt geht es ran ans Messer

Schnelleinstieg

GLATTE SCHNEIDE 52
Schärfen in 6 Schritten

WELLENSCHLIFF 70
Geduld beim Brotmesser

GEKRÜMMTE KLINGE 78
Hier wird Geschick benötigt

EINSEITIGER ANSCHLIFF 82
Bearbeiten von Scheren und Gartenwerkzeugen

RASENMÄHERMESSER 94
Einsatz für die Feile

BALLIGER SCHLIFF 100
Die Form ist eine Herausforderung

AXT & BEIL 112
Spaltwerkzeuge auffrischen

RASIERMESSER 124
Abziehen für eine bessere Rasur

MESSER OPTIMIEREN 132
Wenn Anpassungen notwendig sind

SCHÄRFEN FÜR UNTERWEGS 138
Mobile Schärfgeräte

SCHLEIFSTEIN ABRICHTEN 142
Je gerader der Stein, desto besser das Schärfergebnis

Extra – Bauanleitungen

SCHLEIFSTEINHALTER 148
WELLENSCHLIFFVORRICHTUNG 150

Nützliches zum Schluss

TIPPS UND MEHR 154
ÜBER DEN AUTOR 162
GLOSSAR 164

Theorie
DAS MESSER

Klingenrücken
Erl
Der Teil der Klinge, der in den Griff übergeht
Griff
Kehl
Kropf
Übergang vom Griff zur Klinge

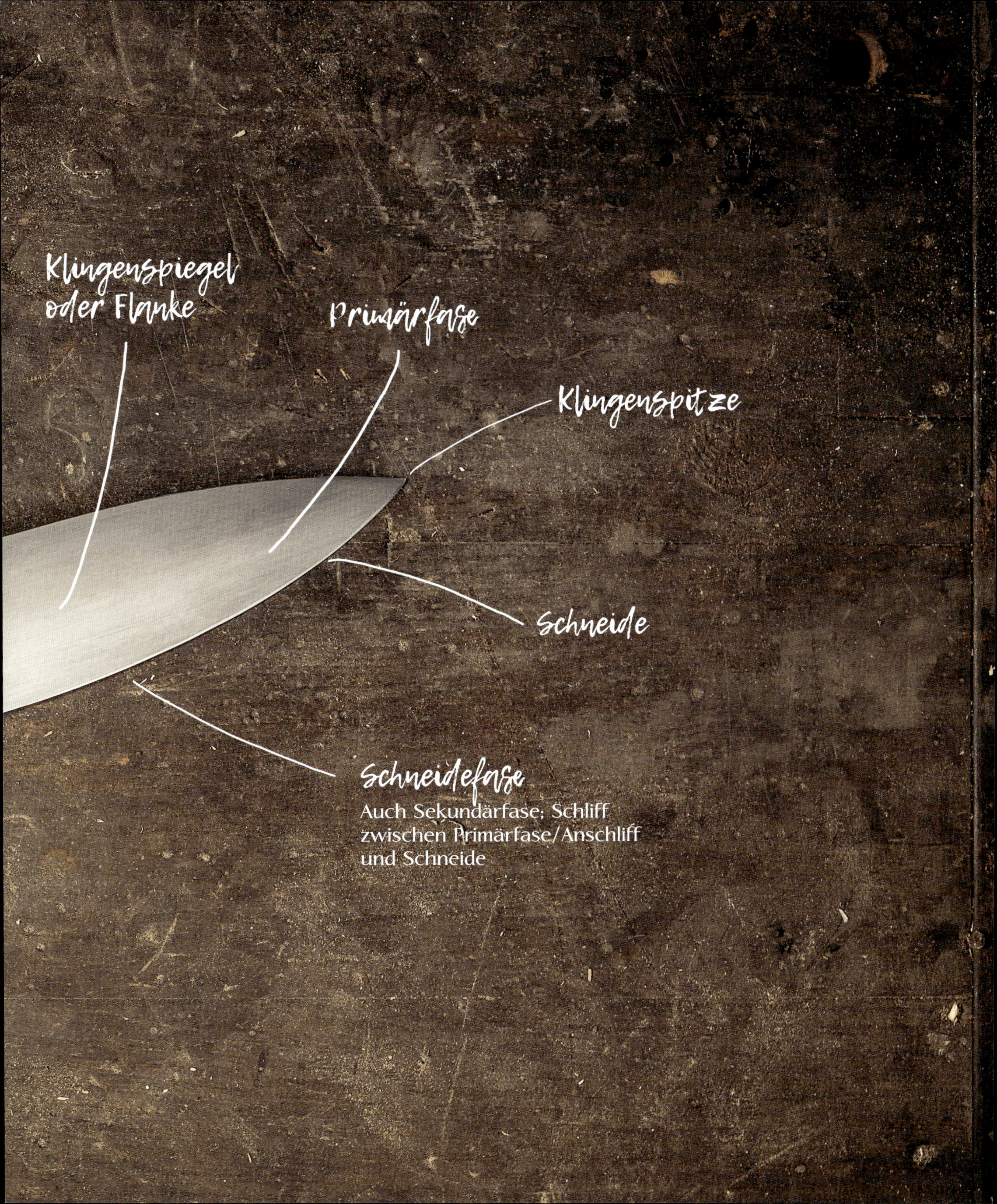
Klingenspiegel oder Flanke
Primärfase
Klingenspitze
Schneide
Schneidefase
Auch Sekundärfase; Schliff zwischen Primärfase/Anschliff und Schneide

Was ist scharf?

Ein Messer soll scharf sein. Da sind sich wohl alle Menschen einig. Doch was ist scharf? Jeder Mensch hat eine eigene Vorstellung von Schärfe: Für den einen ist ein Messer scharf, wenn er damit mühelos eine Paprika zerteilen kann. Für den anderen ist ein Messer erst dann scharf, wenn die Schneide ein Haar spalten kann.

Um Schärfe objektiv zu beschreiben, könnte man sagen: „Schärfe ist, mit wie viel Druck das Schnittgut zerteilt werden kann. Je weniger Druck benötigt wird, umso höher die Schärfe."

Soweit zur Theorie. Für die Praxis müssen wir wissen, dass sich Schärfe über den Schneidwinkel ergibt und über die Sauberkeit der Schneide. Je spitzer der Winkel und je glatter die Schneide, umso schärfer ist die Klinge. Allerdings müssen wir zwischen zwei Arten des Schneidens unterscheiden: dem Zugschnitt und dem Druckschnitt. Beim Zugschnitt wird die Klinge vor- und zurückbewegt, um das Schnittgut zu zerteilen, also eine Zug- bzw. Schubbewegung. Der Druckschnitt ist das Ausüben gezielten Druckes, um das Schnittgut zu zerteilen, ohne die Klinge hin und her zu bewegen. Besonders die Nassrasur findet ausschließlich im Druckschnitt statt. Es stellt sich die Frage, ob ein Messer scharf ist, wenn es im Druck- oder im Zugschnitt gute Dienste leistet oder ob beide Schnittarten gleich gut bedient werden müssen. Bei rostfreiem Stahl finden wir zum Beispiel vermehrt Klingen, die im Zugschnitt hervorragend sind, aber im Druckschnitt nicht so gute Dienste leisten. Das liegt am Stahlgefüge.

Haarspalterei: So scharf kann eine Klinge sein.

Deutlich zu sehen: der Unterschied zwischen einem feinen (rechts) und einem groben Stahlgefüge.

Schnitthaltigkeit

Neben der Schärfe ist die Schnitthaltigkeit wichtig. Unter Schnitthaltigkeit versteht man, wie lange eine Klinge bei der Benutzung scharf bleibt. Die Schnitthaltigkeit hängt vor allem von drei Faktoren ab: der Klingengeometrie, dem Material und der Wärmebehandlung.

- **Klingengeometrie:** Je feiner die Schneide ausläuft, umso fragiler ist sie und umso schneller kann sie sich abnutzen. Daher weisen stumpfere Winkel zwar weniger Schärfe auf, sind aber meist schnitthaltiger.

- **Wärmebehandlung:** Ziel der Wärmebehandlung ist es, dem Stahl ein feines und somit stabiles Gefüge zu geben. Werden die Temperaturen oder Haltezeiten jedoch nicht richtig angewandt, kann sich das Stahlgefüge verschlechtern, indem es gröber und instabiler wird.

- **Material:** Die unterschiedlichen Stahlsorten haben verschiedene Eigenschaften, manche Stahlsorten sind schnitthaltiger und verschleißfester als andere. Dies entsteht durch die verschiedenen Legierungselemente, beispielsweise weist ein mit Wolfram legierter Stahl oft eine hohe Schnitt- und Verschleißfestigkeit auf.

In der Praxis muss uns allerdings lediglich die Klingengeometrie interessieren, denn nur darauf können wir Einfluss nehmen. Bei hochwertigen Messern ist davon auszugehen, dass ein guter Stahl ausgewählt und die Wärmebehandlung korrekt durchgeführt wurde. Die Geometrie der Klinge können wir nur zum Teil beeinflussen. Da die Klinge aus gehärtetem Stahl besteht, der schwer zu bearbeiten ist, sind die Möglichkeiten limitiert.

Diese Klingen haben ausgedient.

Warum wird ein Messer stumpf?

Mit der Zeit wird jedes Messer stumpf, ein immer scharfes Messer gibt es nicht – auch wenn manch vollmundiges Werbeversprechen einen dies glauben machen möchte. Alles unterliegt einer natürlichen Alterung und einem Verfall. Dies wird durch die Benutzung und die Umgebung beeinflusst. Doch warum bleiben die einen Messer länger scharf als die anderen? Das liegt zum einen an der Beschaffenheit der Klinge, zum anderen an der Pflege und Benutzung. Die Beschaffenheit der Klinge können wir wenig beeinflussen, lediglich den Schneidwinkel können wir verändern.

BENUTZUNG

Eine goldene Regel im pfleglichen Umgang mit Messern: Ein Messer ist ein Schneidwerkzeug, daher ist es für Schneidarbeiten gemacht und nicht zum Hebeln, Schaben, groben Hacken oder für sonstige Anwendungen. Außerdem sollten wir berücksichtigen, dass nicht jedes Messer für jede Schneidarbeit geeignet ist: So sollte man zum Zerlegen eines Bratens kein Teppichmesser wählen.

Für den Alltag werfen wir einen Blick in die Küche und konzentrieren uns hauptsächlich auf die Messer, die hier benötigt werden. Es findet sich eine große Anzahl von Messern für spezielle Einsatzgebiete. Zwar können die Messer jeweils auch für andere Aufgaben verwendet werden, aber mitunter verschleißen sie dann schneller. In der Praxis besitzen wir meist nur wenige Messer, darunter oft ein großes Küchenmesser oder ein Santoku-Messer. Mit diesen Messern lassen sich viele Arbeiten in der Küche gut erledigen, wie das Zerteilen von Fisch, Fleisch und Gemüse. Der Einfachheit halber gebe ich ein paar Beispiele, wofür das Messer nicht geeignet ist, statt den gesamten Einsatzbereich darzustellen:

- **Hebeln vermeiden:** Wie bereits erwähnt ist ein Messer zum Schneiden gedacht, daher sollten wir es nicht zum Hebeln benutzen. Bei Hebelbewegungen mit der ganzen Klinge – wie beim Öffnen von Behältern – besteht die Gefahr, dass die Klinge bricht. Auch ein starkes Hebeln mit der Schneide – wie beim Zerteilen von Gelenken – sollten wir vermeiden.

- **Falsches Schnittgut:** Obwohl ein Messer ein Schneidwerkzeug ist, sollte nicht jedem Messer auch alles Schnittgut zugemutet werden. Ein häufiges Schneiden am Knochen beispielsweise kann die Klinge schneller stumpf werden lassen. Wer solche Aufgaben öfters erledigt, ist mit einem Ausbeinmesser gut beraten. Auch stark hackende Arbeiten sollten vermieden werden, besonders wenn Knochen oder Gelenke zerteilt werden müssen. Hier empfiehlt sich ein robustes Hackbeil, da wir sonst auf Dauer eine Beschädigung der Klinge riskieren. Das hackende Schneiden von z.B. Kräutern ist dagegen kein Problem, da dies mit wenig Druck geschieht.

- **Nur für die Küche:** Das Küchenmesser sollte nur in der Küche eingesetzt werden. Auch wenn es verlockend ist, das Küchenmesser kurz mit in den Garten zu nehmen, sollten wir darauf verzichten und ein eigenes Gartenmesser bereithalten. Viele Arbeiten im Garten können das Küchenmesser schneller stumpf werden lassen. Bei der Obst- und Gemüseernte beispielsweise können Erde, Sand oder Ähnliches an der Pflanze anhaften und die Schneide angreifen.

Gut zu wissen:

Nach dem Zerkleinern des Schnittgutes auf dem Brett sollte das Schnittgut nicht mit der Schneide über das Brett geschoben werden. Dafür benutzen wir besser den Klingenrücken und schonen damit die Schneide.

SCHNEIDUNTERLAGE

Eine passende Schneidunterlage verringert den Verschleiß. Um die Schneide zu schonen, muss die Schneidunterlage in jedem Fall weicher sein als die Klinge. Ist sie zu hart, kann dies zu einem schnellen Verschleiß oder zu kleineren Macken in der Schneide führen – den sogenannten Ausbrüchen, bei denen kleine Teile aus der Schneide brechen. Allerdings darf die Unterlage nicht zu weich sein, sonst können sich Teile aus ihr lösen.

Geeignet sind Schneidbretter aus Holz oder Kunststoff. Sie haben meist eine optimale Härte und Beschaffenheit, um die Schneide nicht zu beschädigen. Auf Unterlagen aus Glas, Marmor, Keramik oder sonstigem harten Material sollten wir verzichten.

Pflege

Messer brauchen etwas Pflege. Ein Messer mit Kunststoffgriff und rostfreier Klinge benötigt dabei weniger Zuwendung als ein Messer mit rostender Klinge und Holzgriff.

AUFBEWAHRUNG

Jedes scharfe Küchenmesser sollte so aufbewahrt werden, dass die Schneide keinen Schaden nimmt. Dazu gibt es verschiedene Möglichkeiten:

- **Schublade:** In einer Schublade ist das Messer gut aufgehoben, am besten bekommt es ein eigenes Fach. Liegt es mit anderen Bestecken zusammen, können diese beim Öffnen und Schließen der Schublade an die Schneide schlagen und sie beschädigen.

- **Magnetleiste:** Eine Magnetleiste ist eine sehr praktische Möglichkeit, ein Messer immer griffbereit zu haben. Allerdings müssen wir darauf achten, das Messer niemals über die Schneide abzunehmen oder anzubringen. Stattdessen sollte das Messer über den Klingenrücken geführt werden, damit wir keine Ausbrüche riskieren. Ein Nachteil bei Magnetleisten aus Metall ist, dass der Klingenspiegel mit der Zeit Kratzer bekommen kann, da Metall auf Metall reibt. Magnetleisten mit einer Holzverkleidung haben dieses Problem nicht.

- **Messerblock:** Ein Messerblock sollte aus Holz bestehen und nicht aus hartem Kunststoff. Denn die Schneide hat immer Kontakt zum Material, wenn wir das Messer in den Messerblock stecken oder wieder herausnehmen. Ein Block aus Holz sollte ausreichend geölt sein, damit das Holz keine Feuchtigkeit abgibt – das ist besonders wichtig bei rostenden Klingen, um die Rostbildung zu vermeiden. Den Block können wir leicht nachölen, z. B. mit Leinöl oder Tungöl (chinesisches Holzöl) aus dem Baumarkt.

REINIGUNG

Ein Messer darf auf keinen Fall in die Spülmaschine, denn dadurch wird es sehr schnell stumpf. In der Spülmaschine wird Schmutz herumgewirbelt, der immer wieder unkontrolliert an die Klinge kommt. Oft werden aggressive Reinigungsmittel verwendet, die sich negativ auf den Klingenstahl auswirken. Zudem steht das Messer nicht allein und es besteht die Gefahr, das andere Besteck- oder Geschirrteile an die Schneide schlagen. Auch der Griff leidet in der Spülmaschine: Die Oberfläche kann Schaden nehmen und auf Dauer sorgen Hitze und Spülmittel im schlimmsten Fall dafür, dass sich der Griff von der Klinge löst.

Gepflegte Messer können lange Zeit gute Dienste leisten.

Am besten reinigen wir unser Messer unter warmem, fließendem Wasser mit einem weichen Lappen. Grobe Schwämme mit Scheuerseite sollten wir vermeiden, da sie Kratzer hinterlassen können. Sollte die Verschmutzung hartnäckiger sein, hilft etwas Spülmittel. Aggressive Reiniger können die Klinge verfärben oder angreifen.

Bei rostenden Klingen ist es wichtig, die Klinge direkt nach der Benutzung zu reinigen und abzutrocknen. Bleibt die Klinge in Feuchtigkeit liegen, kann dies zu einer Rostbildung führen. Von Zeit zu Zeit können wir unser rostendes Messer etwas ölen. Sehr gute Erfahrungen habe ich mit Kamelienöl gemacht, es ist geruchsarm, härtet nicht aus und ist lebensmittelecht. Aber auch einen Tropfen Speiseöl kann man gut benutzen. Ist der Griff aus natürlichem Material wie Holz sollte er ebenfalls geölt werden, damit er nicht spröde wird.

Rostende Klingen bilden mit der Zeit eine Patina, diese funktioniert wie ein natürlicher Rostschutz. Ich empfinde Patina als Qualitätsmerkmal, da diese deutlich zeigt, dass es eine rostende Klinge ist. Andere empfinden sie als störend. Wer die Patina von Zeit zu Zeit entfernen möchte, dem empfehle ich eine feine Stahlwolle oder eine feine Polierpaste und einen Lappen, um die Klinge zu polieren. Man kann die Klinge auch selbst einheitlich patinieren. Hierzu wird sie über mehrere Stunden in starken Kaffee oder schwarzen Tee gehalten. Am besten funktioniert Instantkaffee, den man sehr stark macht. Die Klinge bekommt dann eine gleichmäßige, dunkle Färbung, die sie unempfindlicher gegenüber Feuchtigkeit und Säure macht.

Stahl und Wärmebehandlung

Um zu verstehen, welches Messer welche Schärfe annehmen kann, ist es wichtig, einen Blick auf den Stahl und die dazugehörige Wärmebehandlung zu werfen.

STAHLKUNDE

Für Messerklingen kommen verschiedene Stahlsorten infrage. Jede Stahlsorte hat andere Eigenschaften, so können z. B. einige Sorten eine höhere Schärfe annehmen als andere. Grob lassen sich vier Stahlsorten benennen:

1. **Niedrig bis mittel legierte Stähle, wie Werkzeug- und Federstähle:** Sie bestehen aus Eisen mit Kohlenstoff und haben nur wenige Legierungselemente. Legierungselemente sind andere Metalle, die beigemischt werden, um den Stahl in bestimmten Eigenschaften zu beeinflussen.

2. **Hochlegierte rostfreie Stähle:** Sie besitzen mehr Legierungselemente, besonders Chrom, damit sie rostfrei werden. Ab ca. 13% Chrom im Stahl wird dieser rostfrei bzw. rostträge.

3. **Pulvermetallurgische Stähle:** Diese Stähle werden aus Pulver der gewünschten Legierungselemente unter hohem Druck zusammengepresst. Das hat den Vorteil, dass dieser Stahl ein sehr feines Gefüge ausbilden kann.

4. **Schweißverbundstähle, wie Damaststahl:** Dieser besteht häufig aus einem Verbund von niedrig und mittel legierten Stählen, die unter Hitze und Druck miteinander verschweißt wurden.

Am häufigsten kommen mittel- bis hochlegierte rostfreie Stähle vor. Die meist verwendeten Stähle sind: X46Cr13 (Werkstoffnummer 1.4034) und X45CrMoV15 bzw. X50CrMoV15 (Werkstoffnummer 1.4116). Diese Stähle werden von zahlreichen namenhaften Herstellern verwendet, da sie einen guten Kompromiss aus verschiedenen Eigenschaften bieten. So sind sie nahezu rostfrei und sehr säurebeständig. Die Härte liegt in vielen Fällen bei ca. 55 HRC. Aus dem Stahl könnte zwar eine höhere Härte herausgeholt werden, allerdings ist die niedrigere Härte in vielen Fällen benutzerfreundlicher, da ein solcher Stahl mehr Anwendungsfehler verzeiht. Er ist nicht so ausbruchsgefährdet, sodass ein Messer auch mal auf die Spitze fallen kann, ohne dass diese gleich abbricht. Auf der anderen Seite gibt es Nachteile, was Schärfe und Schnitthaltigkeit angeht. Meistens besitzen Klingen aus einem solchen Stahl einen Schneidwinkel von 40° bis 60°, eine feinere Geometrie würde die Schärfe nicht so lange halten können. Natürlich kann der Stahl auch feiner ausgeschliffen werden, dies geht jedoch immer auf Kosten der Schnitthaltigkeit. Weiter ermöglicht die geringere Härte ein einfacheres Nachschärfen, da der Abtrag des Stahls auf dem Schleifstein höher ist.

Zur Info

HRC ist die Abkürzung von Hardness Rockwell, einer Maßeinheit für die Härte von Werkstoffen. Eine Glasflasche lässt sich ab einer Härte von ca. 60 HRC ritzen, ab 65 HRC ist eine sparnbildende Bearbeitung nicht mehr möglich.

Diese Nummer gibt Aufschluss über die Stahlsorte, aus der die Klinge gefertigt wurde.

STAHLSORTE

Abgesehen von den bereits genannten werden folgende Stahlsorten oft für Küchenmesser und andere Messer verwendet:

- **1.4153.03 / SB1 / Niolox / X80CrVMo13-2):** Verwendung bei hochwertigen Küchenmesserklingen;
- **1.2379 (D2), 1 4112 (440 B), 1 4125 (440C), 1 4528 (Böhler N690):** öfters für Jagd-, Outdoor- und Klapp-Messer verwendet;
- **1.3505 /1.2067; 1.2008; 125sc; c100.** Für Küchenmesser, die eine rostende Klinge besitzen, kommen häufig diese Stahlsorten zum Einsatz.

Die zuletzt genannten Stähle sind meistens schnitthaltiger und können schärfer ausgeschliffen werden als rostfreier Stahl. Sie besitzen eine Härte von 60° HRC und mehr. Im Umgang bedürfen sie etwas mehr Vorsicht und Pflege. Fällt ein solches Messer auf die Spitze, kann sie leicht abbrechen oder den Fußboden beschädigen.

In der Industrie werden überwiegend rostfreie Stähle verwendet. Doch rostende Stähle haben in den vergangenen Jahren durch die japanischen Messer an Popularität gewonnen. Aber auch einige sehr namhafte deutsche Hersteller bieten schon immer ausgezeichnete Messer aus rostendem Stahl an. Rostende Stähle werden ansonsten vorzugsweise bei handgemachten Messern verwendet.

VOR- UND NACHTEIL VON ROSTFREI ZU ROSTEND

Die Vor- und Nachteile unterliegen natürlich einer subjektiven Betrachtung, schon allein bei der Bezeichnung scheiden sich die Geister. Für den einen ist die Möglichkeit des Rostens ein Qualitätsmerkmal und für den anderen ein Ausschlusskriterium. Aber was können uns die jeweiligen Stähle bieten? Ein rostfreier Stahl ist sehr pflegeleicht, er bietet eine gute Schnitthaltigkeit im Zugschnitt. Rostender Stahl benötigt zwar mehr Pflege, diese sollte aber auch nicht überschätzt werden. Er lässt sich fein ausschleifen und ist im Druckschnitt sehr leistungsfähig.

Wer eine lang anhaltende bissige Schärfe haben möchte, die im Zugschnitt gute Dienste leistet und sich nicht gerne mit der Pflege beschäftigt, für den ist ein rostfreier Stahl eine gute Wahl. Soll die Klinge sehr scharf werden, um zum Beispiel einen Schinken sehr fein zu schneiden, dann ist ein rostender Stahl die bessere Wahl. So sind fast alle Rasiermesser aus rostenden Stählen, weil diese feiner und schärfer ausgeschliffen werden können und so den Druckschnitt bei der Rasur bewältigen können.

Klinge im Ofen

WÄRMEBEHANDLUNG

Damit ein Stahl überhaupt als Messer brauchbar ist, muss er gehärtet werden. Das heißt, der Stahl wird durch eine gezielte Wärmebehandlung härter und widerstandsfähiger. Dazu wird der Stahl auf Härtetemperatur – bei rostenden Stählen zwischen 780 und 900 Grad Celsius, bei rostfreien ca. 1050 Grad Celsius – gebracht und in Öl abgeschreckt. Durch das schnelle Herunterkühlen wird der Stahl hart. Kühlt er nur an der Luft ab, wird er nicht hart und würde seinen Ursprungszustand wieder annehmen.

Beim Härten wird das Stahlgefüge verändert, Kohlenstoff ist dafür ein unverzichtbarer Bestandteil im Stahl, denn erst ab einem Anteil von ca. 0,3% Kohlenstoff lässt sich ein Stahl härten. Nach dem Härten befinden sich starke Spannungen im Stahl, er ist jetzt sehr spröde und könnte bei Belastung schnell brechen. Deshalb wird der Stahl noch mal bei niedrigeren Temperaturen angelassen, damit er flexibler wird. Beim Anlassen wird der Stahl auf 100–250 Grad Celsius erhitzt und ca. 1 Stunde auf dieser Temperatur gehalten. Rostfreie Stähle brauchen hierbei meist eine aufwendigere Behandlung, damit ihr Leistungspotenzial richtig ausgeschöpft werden kann. Dazu wird der Stahl gezielt tiefgekühlt, wodurch sich die Härte nochmals steigert.

Bei sehr billigen Messern kann es vorkommen, dass die Wärmebehandlung nicht ausreichend war. Das hat zur Folge, dass der Stahl entweder zu weich ist und sich schnell verbiegen kann oder er ist zu spröde und es kommt schnell zu Abnutzung und Ausbrüchen.

Abschrecken der Klinge im Öl

Blick auf den Querschnitt einer Messerklinge

Klingengeometrie

Unter Klingengeometrie versteht man, welchen Klingenquerschnitt wir vorfinden. Dieser kann Einfluss auf die Schärfe haben. Deshalb sollen hier die verbreitetsten Geometrien vorgestellt werden.

Flachschliff

Der Flachschliff ist eine der häufigsten Formen bei Messern. Hierbei wird der Anschliff flach geschliffen und am unteren Ende der Klinge wird eine zusätzliche Schneidfase angebracht. Der Anschliff kann direkt vom Klingenrücken zur Schneide gezogen werden oder die Klinge besitzt noch einen Klingenspiegel und der Anschliff setzt etwas tiefer an. Der Schliff bildet einen sehr guten Kompromiss zwischen Stabilität und Schneidfreudigkeit. Er wird bei einer großen Bandbreite an Klingen verwendet.

Eine besondere Form des Flachschliffes ist der „Schliff auf Null", hierbei wird der Anschliff vom Klingenrücken zur Schneide durchgehend gemacht. Die Klinge besitzt somit keine Schneidfase, was sie sehr scharf macht. Allerdings ist das Nachschärfen nicht einfach, da die gesamte Klingenseite über den Stein gezogen werden muss, um die Schärfe wiederherzustellen. Diese Klingenform können wir aber auch mit einer Schneidfase nachschärfen.

Hohlschliff

Beim Hohlschliff ist der Klingenanschliff konkav zur Mitte hin, so liegt die Verbindung zwischen Klingenrücken und Schneide hohl. Dieser Schliff kommt bei Jagdmessern oder Taschenmessern vor, am bekanntesten ist er bei Rasiermessern. Der Schliff kann direkt auf Null auslaufen oder noch eine Schneidfase besitzen. Er bietet die Möglichkeit einer hohen Schärfe, ist aber gleichzeitig sehr fragil, was keinen derben Gebrauch zulässt. Seine größten Vorteile hat der Schliff bei Rasiermessern, hier ist nicht nur die hohe Schärfe von Vorteil, sondern auch der gute Abtrag durch den Hohlschliff. In der Küche ist er seltener anzutreffen, da die dort verwendeten dünnen Klingen meist keinen Hohlschliff mehr zulassen.

Einseitiger Anschliff

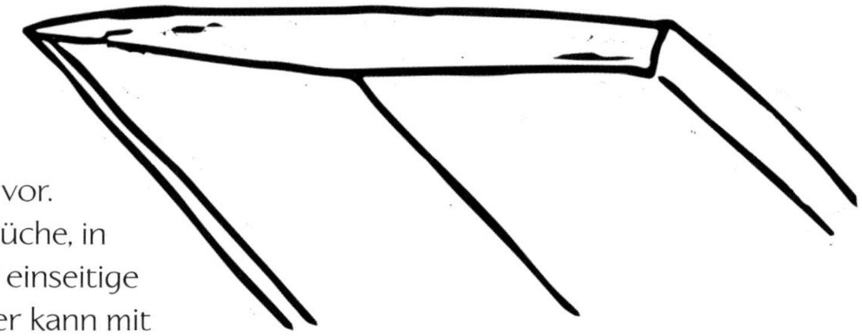

Der einseitige Anschliff ist in Deutschland untypisch, er kommt eher bei Holzbearbeitungswerkzeugen wie Stechbeiteln vor. Bekannter wurde er durch die japanische Küche, in der diese Messer öfters zu finden sind. Der einseitige Anschliff ist dem Flachschliff sehr ähnlich, er kann mit Schneidfase sein oder auf Null geschliffen. Allerdings wird er nur einseitig geschliffen und das auf der angeschrägten Seite, die plane Rückseite wird lediglich abgezogen. In Japan hat diese Form eine lange Tradition, da mit ihr dünne, präzise Schnitte ausgeführt werden können.

Skandischliff

Der Skandischliff ist Anschliff und Schneidfase in einem. Dieser Schliff findet sich oft bei skandinavischen Messern. Er ist sehr robust, wird nicht so scharf wie der Flachschliff, aber schärfer als der ballige Schliff.

Balliger Schliff

Der ballige Schliff ist konvex zur Mitte, das heißt, er ist bauchig von der Schneide zum Klingenrücken. Dieser Schliff ist robust und widerstandsfähig, daher kommt er oft bei Haumessern und Äxten vor. Der Schliff bietet keine hohe Schärfe, aber eine hohe Verschleißfestigkeit.

Klingenformen

Neben den unterschiedlichen Querschnitten begegnen einem auch verschiedene Klingenformen, von denen die gängigsten vorgestellt werden sollen. Auf die Schwierigkeit beim Schärfen der Spitze wird später noch eingegangen.

Hohe Spitze

Kommt oft bei Fleischmessern vor, ist am Anfang etwas schwierig zu schärfen.

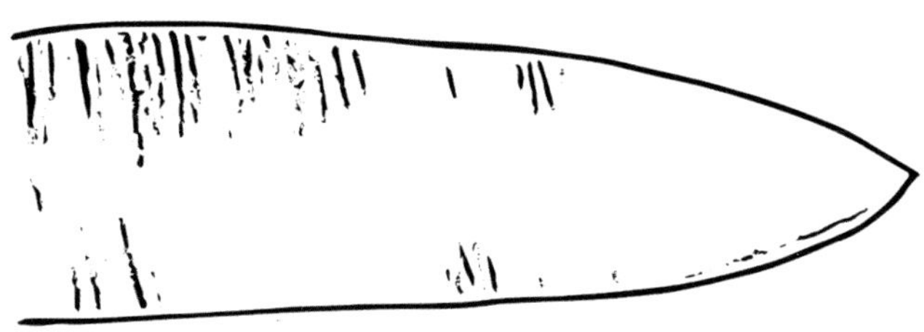

Mittlere Spitze

Häufig bei europäischen Küchenmessern oder auch bei Spickmessern.

Tiefe Spitze

Am häufigsten bei Schälmessern und Santoku-Messern.

Gebogene Klinge

Bei kleinen Schälmessern bekannt, ist etwas schwierig zu schärfen.

Theorie SCHLEIFSTEINE

Schleifsteine gibt es in vielen Ausführungen

Schleifsteine

Auf dem Markt findet sich mittlerweile eine unüberschaubare Menge an Schleifsteinen, mit den verschiedensten Zusammensetzungen, Größen und Körnungen. Bei der Wahl des richtigen Steins gibt es sehr viele Meinungen und Erfahrungen. Deshalb sei vorab gesagt: Es gibt nicht DEN besten Schleifstein, sondern nur den persönlich besten. Allgemein empfinde ich den Kombistein als sehr nützlich, da er zwei Seiten mit unterschiedlichen Körnungen besitzt.

MATERIAL

Korund

Korund oder auch Aluminiumoxid ist eines der meist verwendeten Schleifmittel bei dem Abtrag von Metall. Korund hat einen durchschnittlich guten Materialabtrag am Stahl und ist recht verschleißfest, wenn die Bindung hart genug ist. Viele Schleifsteine bestehen aus Korund.

Siliziumkarbid

Siliziumkarbid ist etwas härter als Korund. Es hat einen besseren Abtrag, verschleißt aber auch etwas schneller. Siliziumkarbid wird meist bei groben Schleifsteinen verwendet und nur sehr selten bei feineren.

Diamant

Diamant wird bei Schleifplatten verwendet. Die Diamantpartikel sind fest auf der Stahlplatte aufgebracht und dienen als Schleifmittel.

Naturstein

Es gibt auch Natursteine, die Metall abtragen. Dazu zählt Granat, dieser kommt im Belgischen Brocken vor. Da Natursteine sehr unterschiedlich sein können, ist es ratsam, sie nur bei feinem Abtrag zu benutzen. Bei groben Steinen können die Schleifpartikel zu unterschiedlich ausfallen.

EUROPÄISCH ODER JAPANISCH

Den perfekten Schleifstein gibt es nicht, die Wahl ist mehr eine Überzeugungssache. So ist für den einen ein japanischer Stein besser und für den anderen ein europäischer.

Der japanische Stein trägt meist besser ab und hinterlässt dadurch ein sauberes Schliffbild. Er verschleißt aber auch wesentlich schneller. Der europäische Stein ist härter und hält dadurch länger, aber der Materialabtrag an der Klinge ist nicht so hoch. Der japanische Stein muss dagegen öfters abgerichtet (siehe Seite 144) werden. Ebenso besteht die Gefahr beim japanischen Stein, dass er durch falsche Bewegungen Macken und Scharten bekommt und somit ein sauberes Schärfen schwieriger wird.

KÖRNUNG

Die Körnung bezeichnet die Größe der Schleifpartikel. Je niedriger die Zahl, umso größer sind die Schleifpartikel bzw. je höher die Zahl, umso kleiner die Partikel. Kurz gesagt: kleine Zahl = grober Stein, große Zahl = feiner Stein.

Allerdings haben wir es mit zwei unterschiedlichen Normen zu tun, der europäischen Norm (FEPA) und der japanischen Norm (JIS). Das kann etwas verwirrend sein, daher soll die Tabelle rechts bei der Orientierung helfen. Problematisch wird es, wenn auf den Schleifsteinen nicht vermerkt ist, um welche Norm es sich handelt. Da es hierzulande immer mehr Schleifsteine mit JIS-Körnung gibt, kann bei einer ausbleibenden Bezeichnung nicht automatisch auf die FEPA-Norm geschlossen werden.

Welche Körnung ist das?

Diese FEPA-Norm entspricht der JIS-Norm

FEPA	JIS
FEPA 180	JIS 280
FEPA 220	JIS 320
FEPA 230	JIS 340
FEPA 240	JIS 380
FEPA 320	JIS 600
FEPA 360	JIS 700
FEPA 400	JIS 1000
FEPA 500	JIS 1200
FEPA 600	JIS 1500
FEPA 1000	JIS 3000
FEPA 1200	JIS 4000
FEPA 1500	JIS 6000
FEPA 2000	JIS 8000

Klinge mit Ausbrüchen

GRÖSSE

Die Größe ist ein wichtiges Kriterium für einen Stein, es gilt: je größer, desto besser. Mit etwas Übung lässt sich das Schleifen auf kleinen Steinen zwar beherrschen. Ein großer Schleifstein ist aber immer angenehmer. Die Größe hat viele Vorteile, sie erlaubt eine bessere Führung des Messers, da eine längere Bewegung möglich ist. So lassen sich auch lange Klingen einfacher und schneller schärfen und der Stein hält länger, weil er mehr Oberfläche zum Abtragen besitzt.

Die Mindestgröße eines Schleifsteins liegt bei 4 x 15 cm, besser ist noch 6 x 20 cm. Das sind die gängigsten Größen. Gelegentlich gibt es größere Ausführungen, die aber auch teurer sind. Besonders bei Natursteinen wie dem Belgischen Brocken ist die Größe oft limitiert und bei großen Exemplaren ist der Preis wesentlich höher.

BINDUNG

Ein Schleifstein besteht aus dem Schleifmittel bzw. Schleifkorn, den Poren und der Bindung. Die Bindung ist das, was die Schleifpartikel zusammenhält. Meist handelt es sich um eine Kunstharz- oder keramische Bindung.

Je härter und fester die Bindung ist, umso verschleißfester ist der Stein. Allerdings ist der Abtrag dann auch geringer. Ist die Bindung etwas weicher, ist der Stein zwar nicht so verschleißfest, aber der Abtrag ist höher.

WELCHER STEIN FÜR WELCHEN SCHLIFF?

Jetzt wissen wir, wo die Unterschiede bei den Schleifsteinen liegen. Doch welchen Stein oder welche Steine benötigen wir nun zum Schärfen? Das hängt in erster Linie davon ab, welche Messer zur Verfügung stehen. Sind das Messer, die sich qualitativ in der niedrigen bis mittleren Kategorie bewegen, reicht meistens ein Stein für den Hauptschliff. Sind qualitativ höherwertige Messer – auch mit rostenden Klingen – vorhanden, lohnt dazu die Anschaffung eines Steines für den Feinschliff. Sollen alle Messerarten mit allen Schärfegraden – von scharf bis hin zu stumpf mit Ausbrüchen – bearbeitet werden, empfiehlt sich die zusätzliche Anschaffung eines groben Steins. Denn je gröber der Stein, umso höher und aggressiver ist der Abtrag an der Klinge. Die folgende Tabelle gibt eine Übersicht, für welche Vorhaben ich welche Körnung im Stein benötige:

Die richtige Körnung wählen

Vorhaben	Körnung (FEPA)
Planschliff (Ausbrüche/ Winkeländerung)	100–240
Vorschliff	240
Hauptschliff	360
Feinschliff	1000
Feinstschliff	2000

SCHLEIFSTEIN: NASS ODER TROCKEN?

Im Regelfall werden Schleifsteine mit Wasser verwendet, um ein besseres und sauberes Schleifergebnis zu erzielen. Alternativ könnten wir Öl benutzen. Hierbei ist jedoch zu bedenken, dass ein einmal geölter Stein kein Wasser mehr aufnimmt. Zudem kann sich die Oberfläche schneller mit abgenutzten Schleifpartikeln und Metall zusetzen, was das Schleifen negativ beeinflusst. Daher würde ich immer zu Wasser raten.

Die Vorteile einer Wässerung: Der Stein trägt besser ab, das Schliffbild wird sauberer und der Stein setzt sich nicht zu. Außerdem kühlt er auch. Während des Schleifens bildet sich ein Schleifschlamm, der sich zwischen Klinge und Stein bewegt. Dieser sorgt für einen verbesserten Abtrag. Durch die Schlammbildung verschleißt der Stein zwar schneller, aber er setzt sich nicht so schnell zu und stellt durch den Abtrag immer neue Schleifpartikel zur Verfügung.

Theorie

SCHARF HALTEN MIT ABZIEHRIEMEN UND WETZSTAHL

Scharf halten mit Abziehriemen und Wetzstahl

Damit ein Messer lange seine Schärfe behält, sollte es öfters abgezogen werden. Das bedeutet, es wird scharf gehalten und nicht direkt nachgeschärft. Der Grat, der durch die Benutzung entsteht, wird dabei wieder aufgerichtet oder etwas abgetragen. Dieser Schritt kann vor jeder Benutzung des Messers durchgeführt werden.

Zwei gute Methoden zum Scharfhalten sind die Benutzung von Abziehriemen oder Wetzstahl.

ABZIEHRIEMEN

Der Abziehriemen eignet sich für alle Messer. Da seine Benutzung im weiteren Verlauf des Buches noch ausführlich erläutert wird (siehe Seite 67), sollen hier nur ein paar Informationen zu Auswahl und Behandlung des Riemens gegeben werden.

Zum Einsatz kommt beim Abziehen ein Lederstreifen, der mit Polierpaste behandelt ist. Auf dem Markt gibt es viele verschiedene Abziehriemen, z. B. Hängeriemen, die meistens für Rasiermesser benutzt werden. Für andere Klingen sind sie nicht so tauglich, denn die Rasiermesserklinge wird komplett auf den Riemen aufgelegt, während bei anderen Messern nur die Schneide aufgesetzt wird.

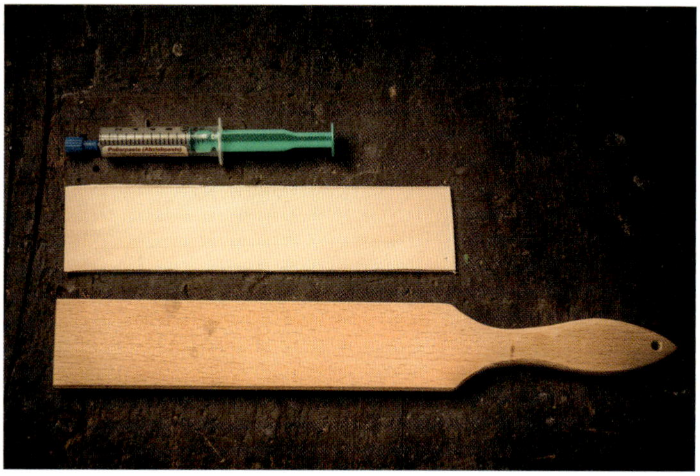

Abziehriemen mit Polierpaste behandeln

Der Lederriemen kann auf das Holz geleimt oder einfach so benutzt werden

Am geeignetsten für unsere Zwecke ist ein einfacher Abziehmriemen oder ein Abziehriemen auf Holz. Auf diesen Riemen können wir die Klinge am sichersten führen. Meiner Erfahrung nach leistet ein Rindslederriemen in 2–3mm Stärke – ähnlich wie bei einem hochwertigen Gürtel – die besten Dienste. Allerdings muss das Leder unbehandelt sein, damit die Polierpaste einziehen kann. Die Härte des Leders hat bestimmte Eigenschaften. Auf hartem Leder bleibt die Polierpaste gut auf der Oberfläche haften und der Schleifwinkel kann einfach gewählt werden, ohne dass die Schneide sich zu weit in das Leder eindrückt. Bei weichem Leder lässt sich die Schneide weiter ins Material drücken. Das nimmt den Grat besser ab, aber es besteht die Gefahr, dass die Schneide zu stark abgerundet wird, was sich ungünstig auf die Schärfe auswirken kann. Zudem sinken die Schleifpartikel auf Dauer in das Material und wirken nicht mehr so gut.

Hängeriemen

Hängeriemen mit Chromoxidpaste

Als Polierpaste ist eine Siliziumkarbid-Paste geeignet, sie hat eine hohe Konzentration an Schleifpartikeln, um den Grat, der beim Schärfen entstanden ist, gut abzunehmen (siehe Seite 51). Für feinere Schneiden wie bei einem Rasiermesser empfiehlt es sich, eine feinere Paste zu verwenden, z. B. Diamantpaste oder Chromoxidpaste.

WETZSTAHL

Der Wetzstahl eignet sich besonders für rostfreie Messer, die eine nicht sehr hohe Härte aufweisen. Ist der Messerstahl zu hart, hat er möglicherweise keinen Abtrag. Der Wetzstahl besteht aus sehr hartem Stahl, der in der Regel mit längs laufenden Riefen, den Zügen, versehen ist. Sie sorgen für einen leichten Materialabtrag. Neben den klassischen Wetzstählen gibt es auch Stäbe, die mit Keramik oder Diamant beschichtet sind. Sie haben meist einen besseren Abtrag, sind aber wesentlich kostspieliger.

Benutzung des Wetzstahls

Die Klinge wird in einem etwas stumpferen Winkel als dem Schärfewinkel auf dem Stab abgezogen. Der Winkel wird so gewählt, damit die Schneide zuverlässig getroffen wird beim Abziehen. Die Klinge wird im Bereich des Kehls an den Stab angesetzt und in einer Schneidebewegung Richtung Spitze gezogen. Es wird hierbei in Richtung Schneide gearbeitet und nicht in Richtung Rücken. Danach wird die andere Klingenseite abgezogen.

Abziehen mit aufgestelltem Stab

Ungeübte sollten den Stab senkrecht aufstellen und die Klinge am Stab entlang führen. Diese Technik birgt ein geringeres Verletzungsrisiko als wenn man das Messer in der einen und den Wetzstahl in der anderen Hand hält und sie aneinander abzieht. Bei der letztgenannten Technik sollte man darauf achten, einen Wetzstahl mit Fingerschutz zu verwenden.

Für den Anfang kann die Eddingmethode (siehe Seite 48) angewandt werden, um zu kontrollieren, ob die Schneide richtig getroffen wird. Zudem gilt: Lieber ein paar langsame und gezielte Bewegungen durchführen als zu schnell zu arbeiten. Wer schon einmal einen guten Metzger beim Messerwetzen gesehen hat weiß, dass dieser zwar schnell ist mit seinen Bewegungen, aber oft nur wenige, dafür sehr kontrollierte Züge macht.

Freihändig abziehen

Theorie

DIE GRUNDLAGEN DES SCHÄRFENS

Die Grundlagen des Schärfens

SCHNEIDWINKEL UND SCHÄRFEWINKEL

Für ein besseres Verständnis sollen diese beiden Begriffe kurz definiert werden. Die Schneidfase bildet im Querschnitt ein gleichschenkliges Dreieck. Die beiden Schenkel bilden den Schneidwinkel, die Hälfte davon ist der Schärfewinkel. Wird ein Messer in einem 20°-Winkel geschärft, so ergibt sich aus beiden Seiten zusammen ein Schneidwinkel von 40°. Der Schneidwinkel ist der, den wir beim Schärfen beachten müssen. Je kleiner der Schärfewinkel, umso kleiner ist auch der Schneidwinkel und umso schärfer ist die Schneide.

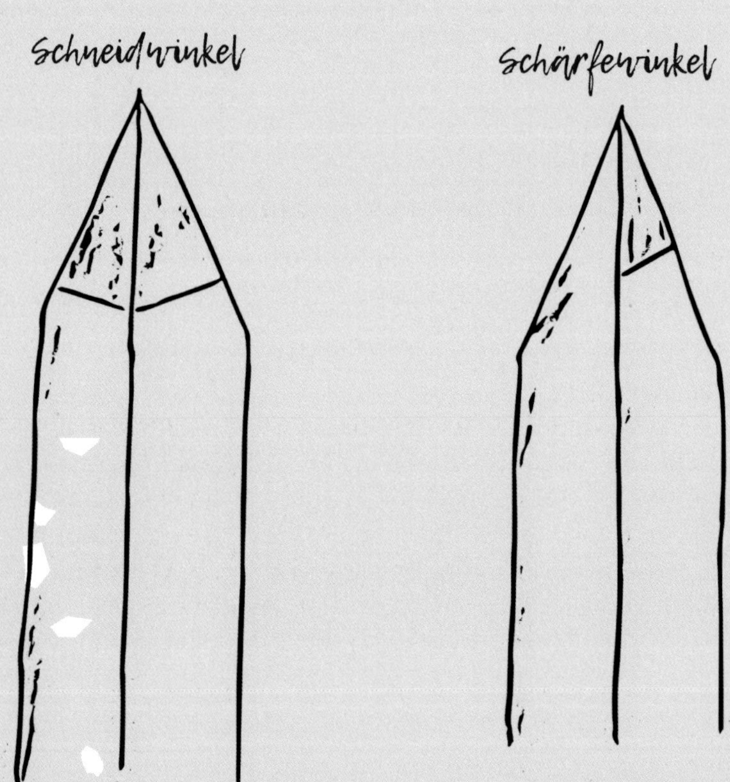

Klingenquerschnitt

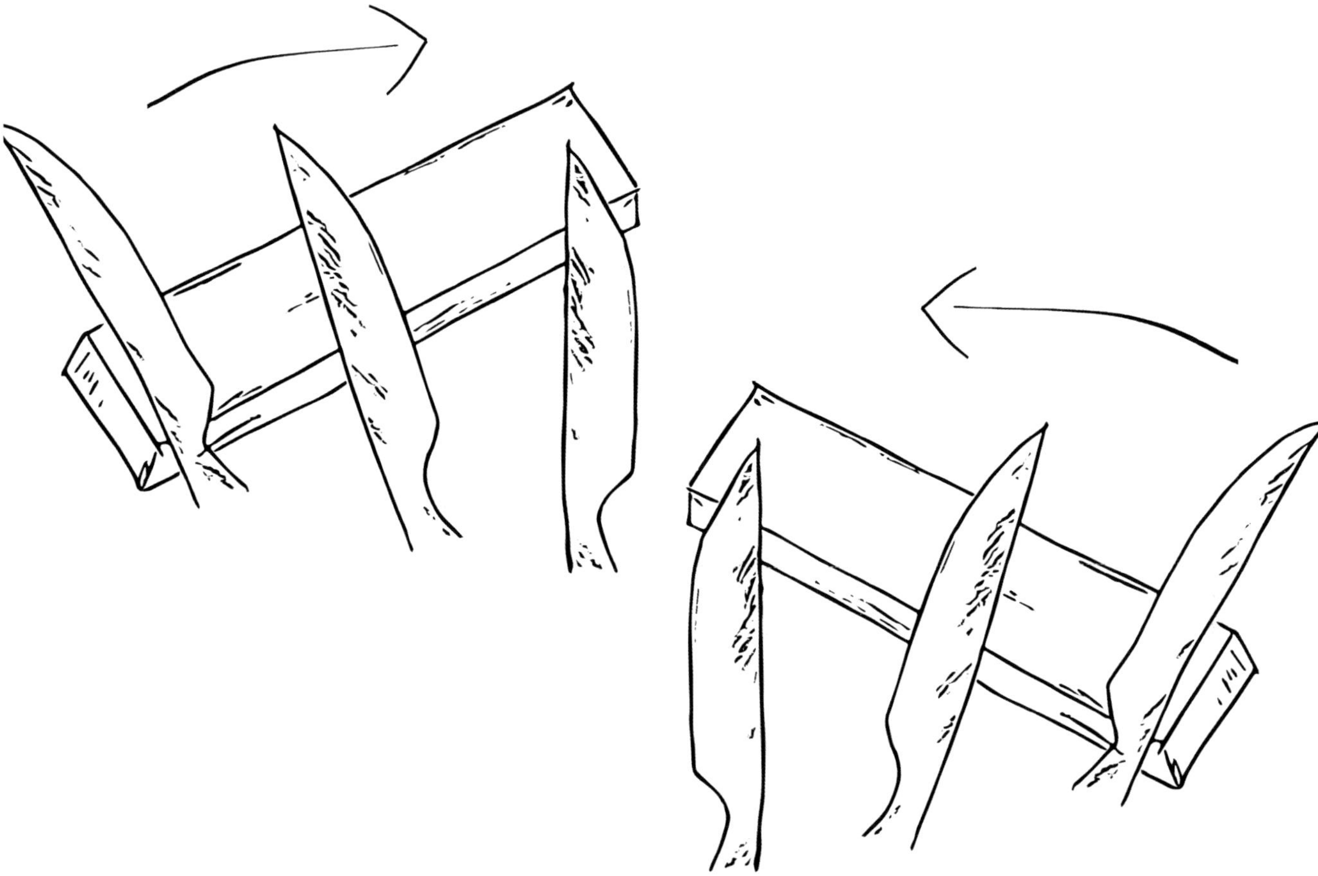

SCHÄRFEBEWEGUNG

Um ein Messer zu schärfen, muss es in einer kontrollierten Bewegung über den Schleifstein bewegt werden. Dies sollte möglichst gleichmäßig passieren, um die ganze Schneide einheitlich zu bearbeiten. Die gängigste Methode ist die Scheibenwischer-Bewegung, bei der die Schneide in einer Zug- und Schub-Bewegung gleichmäßig über den Stein vor- und zurückbewegt wird, vergleichbar mit der Bewegung eines Scheibenwischers. Für den Anfang empfehle ich, den Arm mit dem Ellenbogen auf einer Tischplatte abzulegen und den Ellenbogen als Drehpunkt zu nehmen, dies stabilisiert die Hand bei der Schleifbewegung. Später kann auch eine andere Position eingenommen werden.

Für die andere Seite der Klinge kann einfach die Hand gewechselt werden. Dies wird zunächst etwas ungewohnt sein, aber nach einiger Zeit dürfte es klappen. Alternativ kann mit derselben Hand geschliffen werden, hierbei zeigt dann die Schneide in Richtung des Körpers. Beide Methoden brauchen etwas Übung und mit der Zeit kristallisiert sich bei jedem seine Vorliebe heraus. Bei der zweiten

Anzeichnen der Schneidefase

Zu stumpfer Winkel

Zu flacher Winkel

Richtiger Winkel

Methode muss natürlich etwas mehr auf die Sicherheit geachtet werden, da man die Schneide auf sich zu bewegt.

ERMITTELN UND EINHALTEN DES SCHLEIFWINKELS

Das Einhalten des Schleifwinkels benötigt einiges an Übung, davon sollten wir uns aber nicht entmutigen lassen. Bei vielen Gebrauchsmessern ist es kein Problem, wenn der Schleifwinkel ein paar Grad abweicht. Das Messer dürfte trotzdem noch sehr gut schneiden.

Eddingmethode

Soll ein Messer nachgeschärft werden, muss der Schleifwinkel ermittelt werden, um das Messer wieder im gleichen Winkel zu schärfen. Mit etwas Erfahrung fällt es leicht, den Winkel zu erkennen oder zu erfühlen. Am Anfang empfiehlt es sich, mit einigen Hilfsmitteln zu arbeiten. Dazu kann die Schneidfase mit einem wasserfesten Stift markiert werden. Dann wird das Messer mit einer Scheibenwischer-

Winkelschablonen aus Holz

bewegung über den Stein geführt. An den Stellen, an denen der Stift abgerieben ist, hatte er Kontakt zum Stein. Daraus wird ersichtlich, ob die Klinge im richtigen Winkel geführt wurde. Ist die Abnutzung nicht genau auf der Schneidfase, muss der Winkel korrigiert werden. Ist der hintere Teil abgenutzt, muss der Schleifwinkel stumpfer gewählt werden, ist nur die vordere Kante abgenutzt, muss der Winkel spitzer gewählt werden.

Schablonen

Damit wir eine Vorstellung vom korrekten Winkel bekommen, könnten wir diesen theoretisch errechnen. Praktisch dürften die meisten dazu wenig Motivation verspüren. Alternativ können wir uns kleine Schablonen bauen, in Form von Winkeln mit verschiedenen Gratzahlen. Diese können wir probehalber zwischen Klinge und Stein halten, bis wir den passenden Winkel ermittelt haben.

Eine Winkelschablone aus Holz hilft beim Schärfen gebogener Klingenspitzen.

GEBOGENE KLINGENSPITZE

Einige Messer besitzen eine gebogene Klingenspitze, wie Fleischmesser oder Outdoormesser. Damit auch diese richtig scharf wird, müssen wir das Messer leicht anheben, um den Schleifwinkel beizubehalten. Denn je steiler die Krümmung ist, umso mehr muss das Messer am Griff angehoben werden. Wird das Messer zu wenig angehoben, wird der Winkel zu flach. Um den Vorgang besser zu verstehen, bedarf es etwas geometrischer Vorstellungskraft. Liegt die Klinge am geraden Teil im 20°-Winkel auf dem Schleifstein, beträgt der Abstand zwischen Klingenrücken und Stein ein paar Millimeter. Verlängert sich eine Strecke, so wird der Abstand größer, aber der Winkel verändert sich nicht. Vergleichbar ist es mit einem Dreieck, bei dem ein Winkel 20° beträgt. Ist das Dreieck klein, ist auch die gegenüberliegende Seite kurz. Würden die beiden Strecken, die den Winkel bilden, verlängert – wie es bei dem Schleifen der Spitze ist –, wird automatisch die gegenüberliegende Seite länger, in unserem Fall der Abstand zwischen Klinge und Stein.

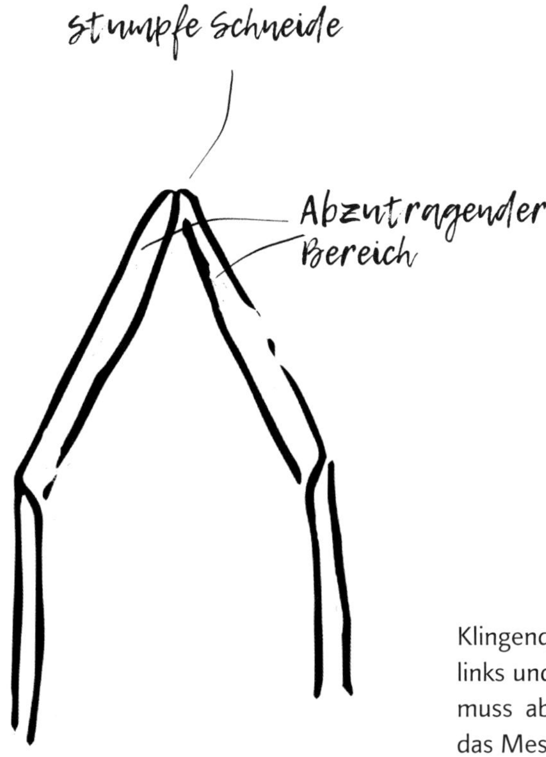

Klingenquerschnitt: Der Bereich links und rechts von der Schneide muss abgetragen werden, damit das Messer wieder scharf wird.

DER GRAT

Der Grat ist ein wichtiges Indiz beim Schärfen. Bei der Bearbeitung der Schneide auf dem Stein bildet sich ein Grat auf der nicht bearbeiteten Seite. Der Grat ist dünn auslaufender Stahl, der nicht abgetragen wird, sondern sich aufwölbt. Wenn der Grat entsteht, bedeutet das, die Schneide wurde so weit abgetragen, dass sich der Schneidwinkel wieder hergestellt hat.

Nicht jeder Stahl bildet einen gut fühlbaren Grat aus, bei einigen rostfreien Stählen kann es aufgrund des Stahlgefüges sein, dass sich nur ein sehr geringer Grat bildet.

DRUCK

Wie viel Druck wir beim Schleifvorgang aufwenden müssen, lässt sich nicht allgemein beantworten. Man muss ein Gefühl dafür entwickeln. Um den Einstieg zu erleichtern, werde ich im Folgenden immer mal wieder Angaben dazu machen, ob wir mit mehr oder weniger Druck arbeiten sollten. Allgemein gilt: lieber mit weniger Druck anfangen und diesen wenn nötig erhöhen.

praxis

GLATTE SCHNEIDE

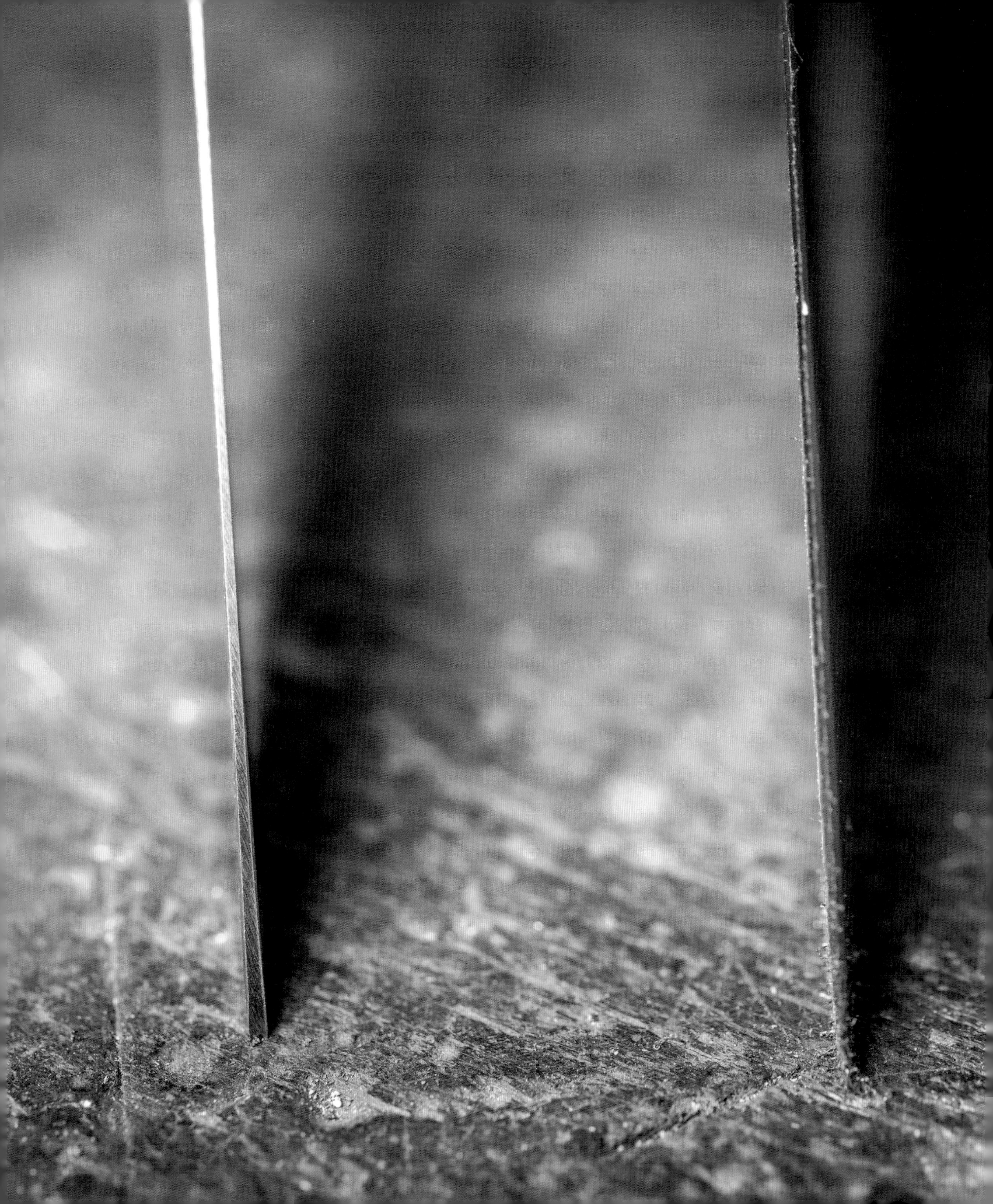

Schärfen in 6 Schritten

Das Schärfen in 6 Schritten eignet sich für alle Messer mit einer glatten Schneide, wie die meisten Küchenmesser, Outdoormesser, Jagdmesser und Scheren. Der ein oder andere Schritt kann – je nach Zustand des Messers – übersprungen werden.

DIE 6 SCHRITTE

1. Planschliff
2. Vorschliff
3. Hauptschliff
4. Feinschliff
5. Grat reduzieren
6. Abziehen

WAS BRAUCHE ICH?

- Schleifsteine
- Abziehriemen
- Schleifsteinhalter/Unterlage
- Wasserbehälter
- Tröpfelflasche
- Tücher
- Filzstift
- Blatt Papier

MIT WELCHEM SCHRITT BEGINNE ICH?

Das kommt ganz darauf an, wie stumpf oder scharf das Messer ist:

- Hat die Schneide Ausbrüche oder liegt schon zum Teil hohl, muss mit Schritt 1 begonnen werden.
- Ist die Schneide bereits abgerundet, sodass sie als Fläche sichtbar ist, muss mit Schritt 2 begonnen werden.
- Greift die Schneide nur noch leicht z.B. am Fingernagel (siehe Schärfe prüfen S. 69), kann mit Schritt 3 begonnen werden.

Tipp

Lieber mit einem niedrigen Schritt beginnen, als Schritte zu überspringen, die eigentlich notwendig wären.

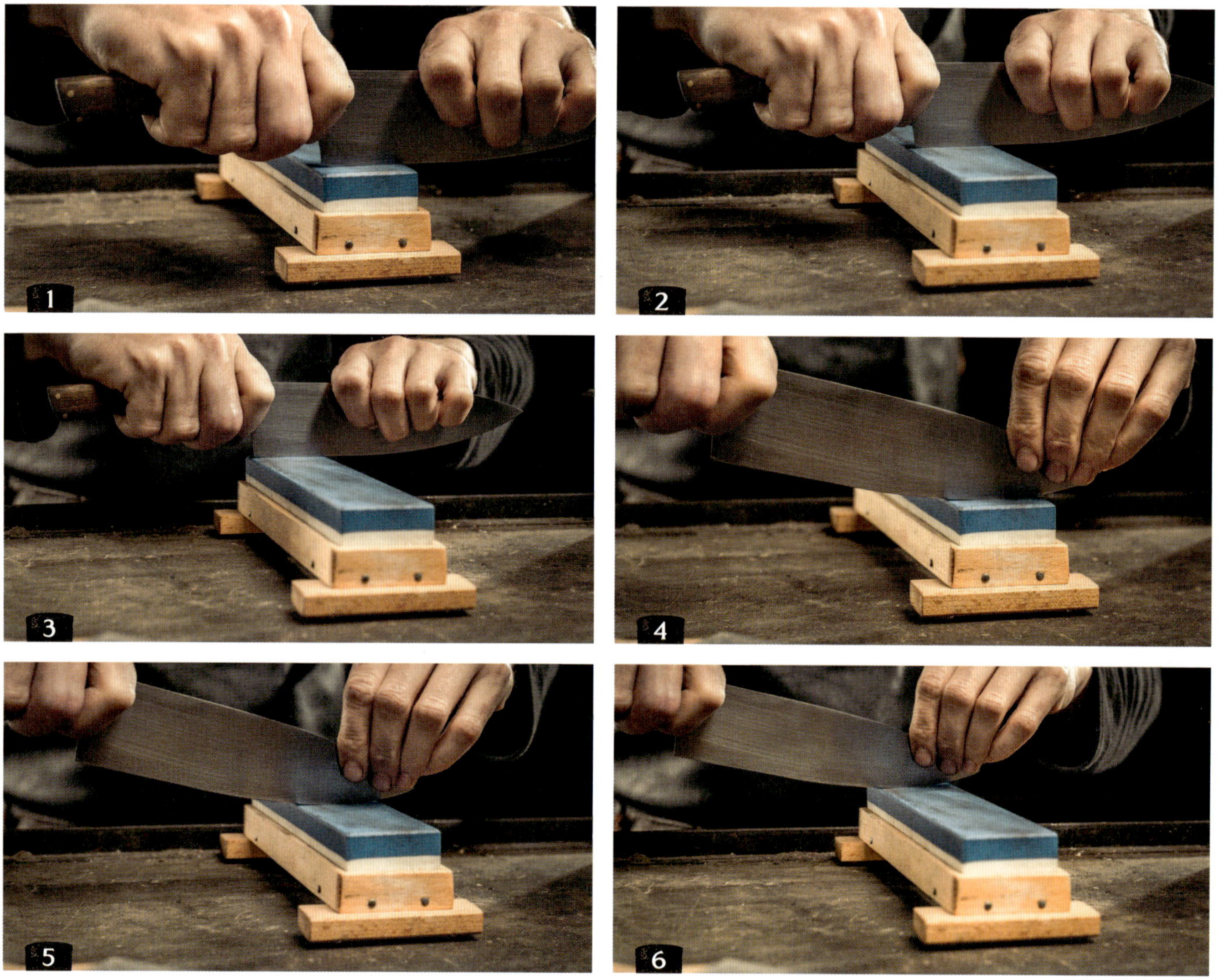

Beim Planschliff wird die Klinge senkrecht auf den Schleifstein gestellt.

1. Planschliff

Dieser Schritt muss nur bei Messern durchgeführt werden, die Ausbrüche haben oder zum Teil ungleichmäßig hohlgeschliffen sind. Dazu stellen wir die Klinge mit der Schneide senkrecht auf den Schleifstein und bewegen sie vor und zurück, bis sie wieder einen gleichmäßigen Lauf hat. Für diesen Vorgang empfehle ich einen eigenen Stein, da er durch den Schritt sehr stark beansprucht wird und schnell hohl geschliffen ist. Dieser Vorgang kann mit oder ohne Wasser durchgeführt werden. Bei einer trockenen Benutzung trägt der Stein etwas besser ab, verschleißt aber auch schneller.

Beim Vorschliff arbeiten wir zunächst vom Kehl zur Klingenspitze.

2. Vorschliff

SCHNEIDE WIEDERHERSTELLEN

Dieser Schliff muss angewendet werden, wenn das Messer richtig stumpf ist, sodass die Schneide bereits eine Fläche ausgebildet hat, oder wenn der Schneidwinkel geändert werden soll. Wenn das Messer noch nicht ganz stumpf ist, kann mit der Scheibenwischer-Methode begonnen werden. Ansonsten bewegen wir die Schneide Stück für Stück vor und zurück über den Stein, um ausreichend Material abzutragen. Dazu setzen wir die Klinge im Bereich des Kehls an und arbeiten uns zur Spitze vor. Um es uns zu vereinfachen, können wir die Klinge auch mit beiden Händen halten.

Dieselbe Bewegung führen wir auf der anderen Seite durch.

Das Messer wird Stück für Stück bearbeitet, bis ein Grat fühlbar ist.

SEITENWECHSEL

Die Seite wird gewechselt und wir stellen auch hier die Schneide wieder her.

Mit der Scheibenwischerbewegung wird die Schneidfase angeglichen.

SCHEIBENWISCHERBEWEGUNG

Zum Schluss sollte die Klinge noch ein paar Mal mit der Scheibenwischerbewegung über den Stein geführt werden, um die Schneidfase über die gesamte Länge anzugleichen. Die Klinge wird so lange bearbeitet, bis sich ein Grat bildet. Ist dieser über die gesamte Länge entstanden, können wir die Seite wechseln.

Ist ein Grat entstanden, bearbeiten wir die andere Klingenseite ebenfalls mit der Scheibenwischerbewegung.

SEITENWECHSEL

Auch auf der anderen Seite führen wir die Scheidenwischerbewegung durch und tragen den eben entstandenen Grat ab. Nun ist das Messer bereit für den Hauptschliff.

Im Hauptschliff arbeiten wir mit mittlerem Druck.

3. Hauptschliff

SCHÄRFEN

Im Hauptschliff findet das eigentliche Schärfen statt. Hierbei wird die Schneidfase gleichmäßig geschliffen, Kratzer und Unebenheiten vom Vorschliff werden geglättet. Die Klinge wird in Scheibenwischerbewegungen gleichmäßig mit mittlerem Druck geschärft. Wir können uns hier wieder gut an dem Grat orientieren und schärfen eine Seite so lange, bis sich ein Grat bildet.

Auch die andere Seite wird mit Scheibenwischerbewegungen geschärft.

SEITENWECHSEL

Wir wechseln die Seite und wiederholen den Schritt.

Unser Messer hat jetzt eine bissige Schärfe und ist im Zugschnitt sehr gut. Bei einem rostfreien Messer kann dieser Schliff schon ausreichen. Wer weiterarbeiten möchte, macht mit dem Feinschliff weiter, ansonsten folgt jetzt der Arbeitsschritt Grat reduzieren auf demselben Stein.

Mit dem Feinschliff verschaffen wir dem Messer eine noch höhere Schärfe.

4. Feinschliff

SCHÄRFEN

Der Feinschliff empfiehlt sich, wenn das Messer im Druckschnitt leistungsstark sein soll. Besonders für rostende Klingen ist er empfehlenswert, da er eine feine Schärfe zulässt.
Der Feinschliff wird im gleichen Winkel ausgeführt wie der Hauptschliff, dazu wenden wir wieder die Scheibenwischermethode an. Die Schneidfase wird weiter geglättet und wir schleifen auch hier so lange, bis sich der Grat bildet.

Die andere Seite wird mit ruhigen, konzentrierten Bewegungen bearbeitet.

SEITENWECHSEL

Dann wechseln wir die Seite und wiederholen den Schritt.

Zum Grat reduzieren wird die Klinge in Richtung Schneide bewegt.

5. Grat reduzieren

Nach dem Schleifen muss der Grat reduziert werden. Dies machen wir auf dem zuletzt verwendeten Stein. Die Klinge wird mit wenig Druck über den Stein bewegt, diesmal aber nur in einer Vorwärtsbewegung.

SEITENWECHSEL
Dann wechseln wir die Seite und führen wieder nur eine Vorwärtsbewegung aus. Hierbei wird der Grat von der einen auf die andere Seite geschoben, dadurch wird er weitestgehend abgetragen.

Die Schneide wird ausschließlich in Richtung Klingenrücken bewegt.

Zum Schluss empfehle ich, das Messer über den Pastenriemen zu ziehen. Dies sollten wir immer zum Abschluss machen, selbst wenn wir bei unserem Messer nur einen Hauptschliff durchgeführt haben. Das Abziehen über einen Riemen kann ein Augenöffner sein, was die Schärfe angeht. Es gibt dem Messer im wahrsten Sinne des Wortes „die letzte Schärfe“.

6. Abziehriemen

Der Abziehriemen dient dazu, den Grat zu entfernen oder ihn gleichmäßig aufzustellen. Wir müssen darauf achten, dass unsere Klinge gut von Schleifsteinrückständen gereinigt ist, damit diese sich nicht in das Leder reiben. Im Gegensatz zum Stein wird die Klinge über den Riemen gezogen und nicht geschoben. Der Winkel wird ein paar Grad steiler gewählt als der beim Schleifen, damit die Schneide richtig getroffen wird. Der Druck sollte nicht zu hoch sein, denn Leder ist weicher als Stein und die Klinge kann sich bei zu hohem Druck in das Leder eindrücken. Das hätte zur Folge, dass sich die Schneide zu sehr abrundet.

Wir setzen die Klinge vorsichtig (um den Riemen nicht zu beschädigen) auf das Leder und bewegen sie minimal in Richtung Schneide. Wenn die Klinge greift, haben wir den richtigen Winkel. Nun setzen wir die Klinge unten auf das Abziehleder und bewegen sie in Richtung Klingenrücken über das Leder. Am besten setzen wir sie ganz nah am Kehl an und bewegen sie mit einer Zugbewegung zur Klingenspitze. Nach jedem Zug wird die Seite gewechselt. Etwa 5-mal pro Seite müssten reichen, mit der Zeit entwickelt sich ein Gefühl für die Häufigkeit.

Kugelschreiber

Daumen

Papier

Schärfe prüfen

Um nach dem Schärfen zu prüfen, ob es erfolgreich war, gibt es verschiedene Möglichkeiten. Mit dem Daumen über die Klinge zu streifen, ist keine verlässliche Methode, hierbei kann nur minimal die Schärfe beurteilt werden. Um Unebenheiten in der Schneide zu fühlen, setzen wir die Klinge auf den Daumennagel und ziehen sie vorsichtig darüber. Fühlt sie sich gut an, kann es an weitere Tests gehen. Wir halten den Daumennagel in einem Winkel nach unten und setzen die Schneide darauf an. Bleibt sie am Nagel hängen, ist dies ein gutes Zeichen. Ähnlich verhält es sich bei den Haaren am Hinterkopf: Greift das Messer in die Haare, wenn es angelegt wird, ist es scharf. Auch ein Kugelschreiber kann als Anhaltspunkt dienen.

Wer mag, testet die Schärfe mithilfe von Papier. Dazu halten wir ein Blatt fest und schneiden es mit der Klinge durch. Hierbei lässt sich gut fühlen, ob das Messer auf seiner gesamten Länge gut geschärft ist. Hakt oder reißt das Papier, müssen wir die Schneide noch einmal nacharbeiten. Eine gut geschärfte Klinge kann auch die Haare am Unterarm rasieren, dies sollte aber immer mit dem Strich passieren. Einen weiteren Hinweis auf Schärfe kann ein Blatt Haushaltsrolle geben. Dazu zerknüllt man das Blatt und schneidet es dann durch.

praxis WELLENSCHLIFF

Wellenschliff

Dieser Schliff befindet sich oft an Brotmessern. Die Wellen bzw. die dadurch entstandenen Spitzen brechen die harte Kruste auf (Sägeeffekt), wodurch das Brot besser zerteilt werden kann.

Der Wellenschliff ist zumeist einseitig und führt über die gesamte Länge der Klinge. Durch die vergrößerte Oberfläche bleibt die Schneide länger scharf. Allerdings lässt sich der Wellenschliff nicht einfach nachschärfen. Auf dem Wasserstein können wir lediglich die flache Klingenseite nachschärfen. Auf Dauer werden dadurch jedoch die Zähne heruntergeschliffen und die Klingenseite wird zerkratzt.

Um den Wellenschliff richtig nachzuschärfen, müssen wir die einzelnen Vertiefungen nachschleifen. Das lässt sich mithilfe von speziellen Schärfewerkzeugen wie Diamantfeilen bewerkstelligen, mit denen man jede Welle einzeln nacharbeitet. Alternativ soll hier eine Möglichkeit mit Schleifpapier vorgestellt werden.

Schleifpapier-Methode

Es wird Schleifpapier in den Körnungen 120, 180, 240, 320, 400, 600, 800 und 1000 benötigt. Am besten eignet sich Schleifleinen bei den niedrigeren Körnungen und Nassschleifpapier bei den höheren Körnungen. Zudem brauchen wir einen Holz- oder Metallstab, der im Schleifwinkel (meist sind das 45°, zur Vorsicht aber lieber den Winkel vorher ermitteln) in die Wellen passt. Das Schleifpapier wird um den Stab gewickelt und damit werden die einzelnen Wellen nachgeschärft. Dies kann per Hand geschehen, indem das Papier mit dem Stab gehalten wird. Einfacher wird es, wenn der Stab in einer Halterung angebracht wird. (siehe Bauanleitung S. 150).

Zu Beginn wickeln wir das Schleifpapier sicher um den Stab. Dann wird die Klinge mit der ersten Welle am Kehl unten auf den Stab angesetzt. Die Klinge wird gerade vom Körper in Richtung Klingenrücken bewegt. So können wir genau sehen, ob wir die Schneide treffen. Die Bewegung soll immer nur in Richtung Klingenrücken geschehen, andernfalls wird mit der Schneide das Papier beschädigt. Die Bewegung führen wir so lange aus, bis sich ein Grat bildet, dann wird die nächste Welle bearbeitet. Wurden alle Wellen nachgeschärft, wird die Klinge auf der anderen Seite einmal abgezogen, um den Grat zu minimieren. Dazu sollte die Klinge flach auf den Rundstab gelegt und minimal angehoben werden. Wir ziehen sie langsam in Scheibenwischerbewegungen in Richtung Klingenrücken. Wichtig ist, dass jede Welle mitgenommen wird.

Je nach Schleifpapier kann sich die Körnung schnell abnutzen, daher sollte nach ein paar Zügen das Papier einfach weiter über den Stab geschoben werden.

Beim Wellenschliff wird ähnlich wie in der 6-Schritt-Methode gearbeitet, wobei der Planschliff und der Abzug auf Leder nicht gemacht werden.

SCHREINERWINKEL

Niemals hätte ich gedacht,
dass diese alte Werkbank noch einmal
so eine wichtige Rolle bekommt –
sie dient als Untergrund
für alle Anleitungen.

1. Vorschliff

Der Vorschliff wird mit 120–180er Papier durchgeführt, hierbei wird die Schneidfase wieder hergestellt. Der Schritt wird so lange durchgeführt, bis sich zum einen ein Grat in der Welle bildet und zum anderen die Spitze wieder hergestellt ist. Wenn sich über die gesamte Länge ein Grat gebildet hat, kann dieser auf der anderen Klingenseite abgezogen werden.

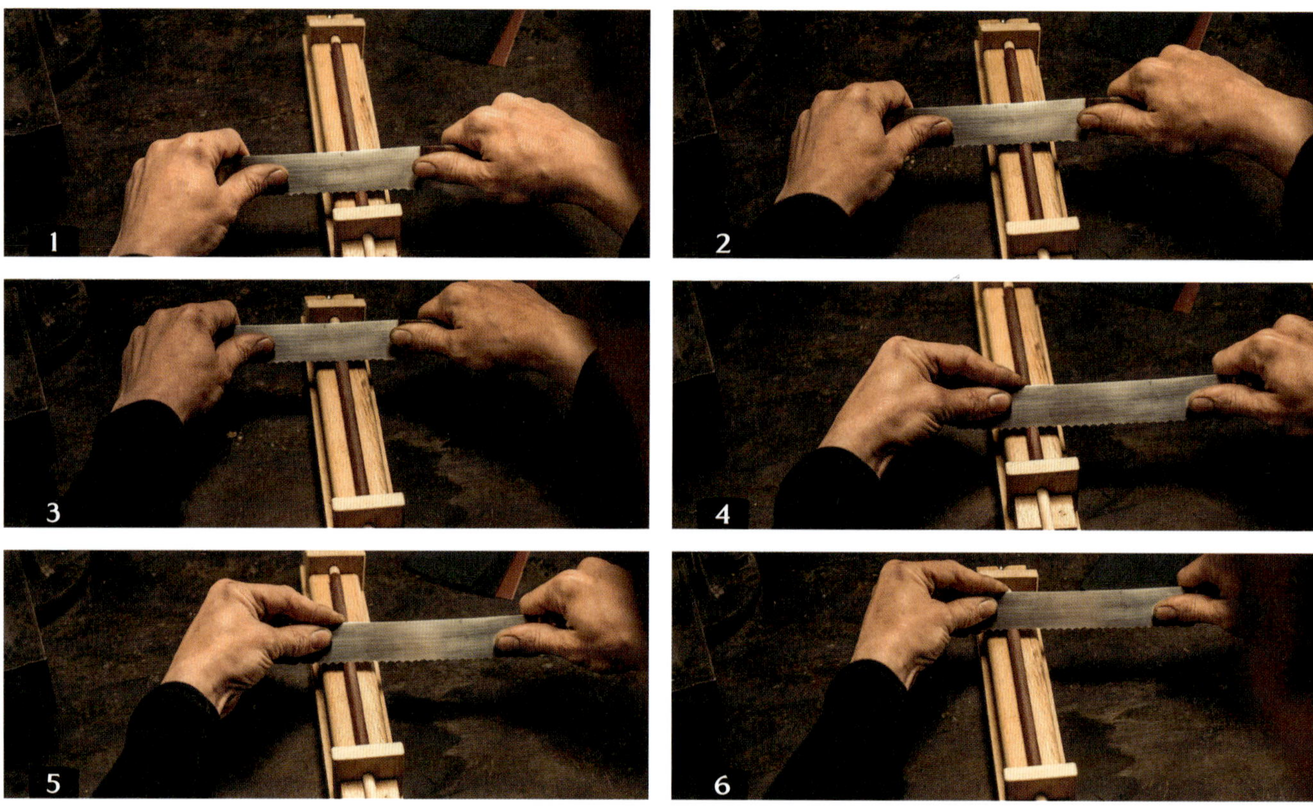

Beim Hauptschliff werden die einzelnen Wellen nachgezogen.

2. Hauptschliff

Der Hauptschliff wird mit den Körnungen von 240–400 durchgeführt. Eine Klingenseite wird so lange bearbeitet, bis sich ein leichter Grat bildet. Dann ziehen wir die Klinge auf der anderen Seite ab. Bei diesem Schritt kann das Papier etwas angefeuchtet werden, damit wir ein besseres Schleifergebnis erhalten.

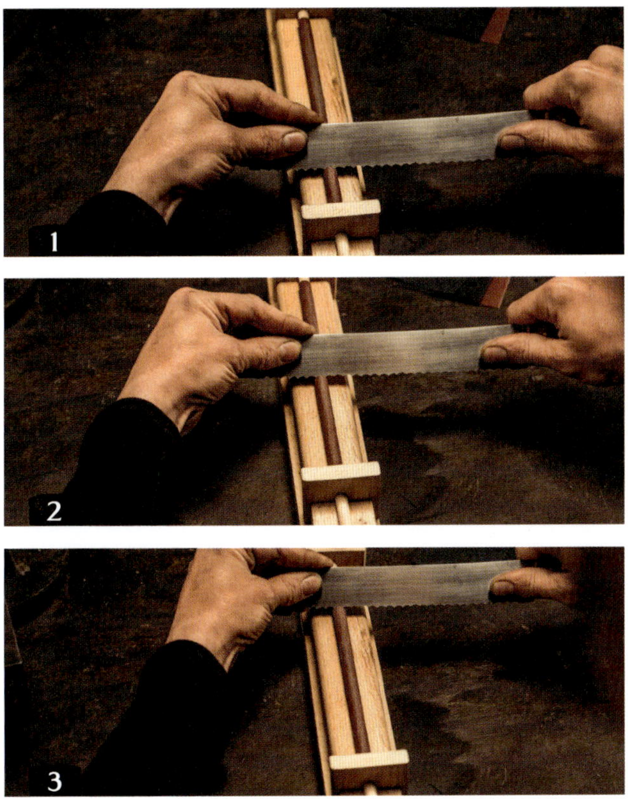

Grat reduzieren auf der Wellenseite.

Der Feinschliff wird wie der Hauptschliff durchgeführt.

3. Feinschliff

Da ein Hauptschliff beim Wellenschliff völlig ausreichend ist, ist der Feinschliff nur optional. Wer ihn durchführen möchte, nutzt Schleifpapier in den Körnungen 600–1000. Es kann mit Wasser gearbeitet werden.

4. Grat reduzieren

Der Grat wird auf der zuletzt verwendeten Körnung reduziert. Dazu wird die Klinge in einer vorsichtigen Scheibenwischerbewegung Welle für Welle über das Papier gezogen, dann wird die Klingenseite gewechselt. Der gesamte Vorgang sollte sehr bewusst gemacht werden, damit die Spitzen nicht wieder abgerundet werden.

praxis

GEKRÜMMTE KLINGE

Gekrümmte Klinge

Die gekrümmte Klinge oder auch Recurveklinge genannt, findet sich am häufigsten bei kleinen Schälmessern. Die Klingenform ist je nach Krümmung nicht ohne Weiteres zu bearbeiten. Mit etwas Geschick lässt sie sich aber an den Kanten des Schleifsteines nachschärfen. Dies lässt den Stein allerdings schnell verschleißen. Alternativ lässt sich ein Sensenstein oder die Wellenschliffvorrichtung nutzen.

Sensenstein

Der Sensenstein wird zum Schärfen einer gekrümmten Klinge um 90 Grad gedreht, es wird also an der Seite des Steins gearbeitet. Der Sensenstein bietet hier zwei Vorteile: Er ist an der Seite schmal genug, um die Schneide gut zu erwischen und er ist so günstig, dass ein Verschleiß nicht so schnell ins Gewicht fällt. Am besten befestigen wir den Stein in einem Schraubstock oder mit einer Zwinge an einer geeigneten Stelle. Das Messer wird nur in der Scheibenwischerbewegung über den Stein bewegt (siehe rechte Seite). Allerdings wird der komplette Schärfevorgang (siehe 6-Schritt-Methode, S. 55) an einem Stein durchgeführt. Auch der Grat wird auf dem Stein reduziert. Zum Schluss ziehen wir die Klinge noch auf dem Leder ab. Hierbei erhält das Messer eine bissige Schärfe, die für die meisten Aufgaben ausreichend ist. Soll die Schneide noch feiner werden, kann auf der Wellenschliffvorrichtung weitergearbeitet werden.

Schärfen mit Papier (Wellenschliffvorrichtung)

Im Anschluss an das Schärfen mit dem Sensenstein kann der Hauptschliff mit Schleifpapier ausgeführt werden. Wer möchte, kann auf den Einsatz eines Sensensteines verzichten und den kompletten Schleifprozess an der Wellenschliffvorrichtung (siehe S. 150) durchführen.

Die Schleifbewegung ist eine halbe Scheibenwischerbewegung, das heißt, die Klinge wird nur im Zug in Richtung Klingenrücken geschärft. Eine Schubbewegung würde das Papier zerstören.

Wir können uns an der 6-Schritt-Methode (siehe S. 55) orientieren, ausgenommen des ersten Schrittes: Ist ein Planschliff nötig, sollte er am Sensenstein erfolgen. Vorschliff, Hauptschliff, Feinschliff und Gratreduzierung führen wir mit dem Papier durch, die zu verwendenden Körnungen können wir von der Wellenschliffanleitung übernehmen. Zum Schluss wird die Klinge über das Leder abgezogen.

Scheibenwischerbewegung beim Schärfen der gekrümmten Klinge auf dem Sensenstein.

praxis

EINSEITIGER ANSCHLIFF/ SCHEREN

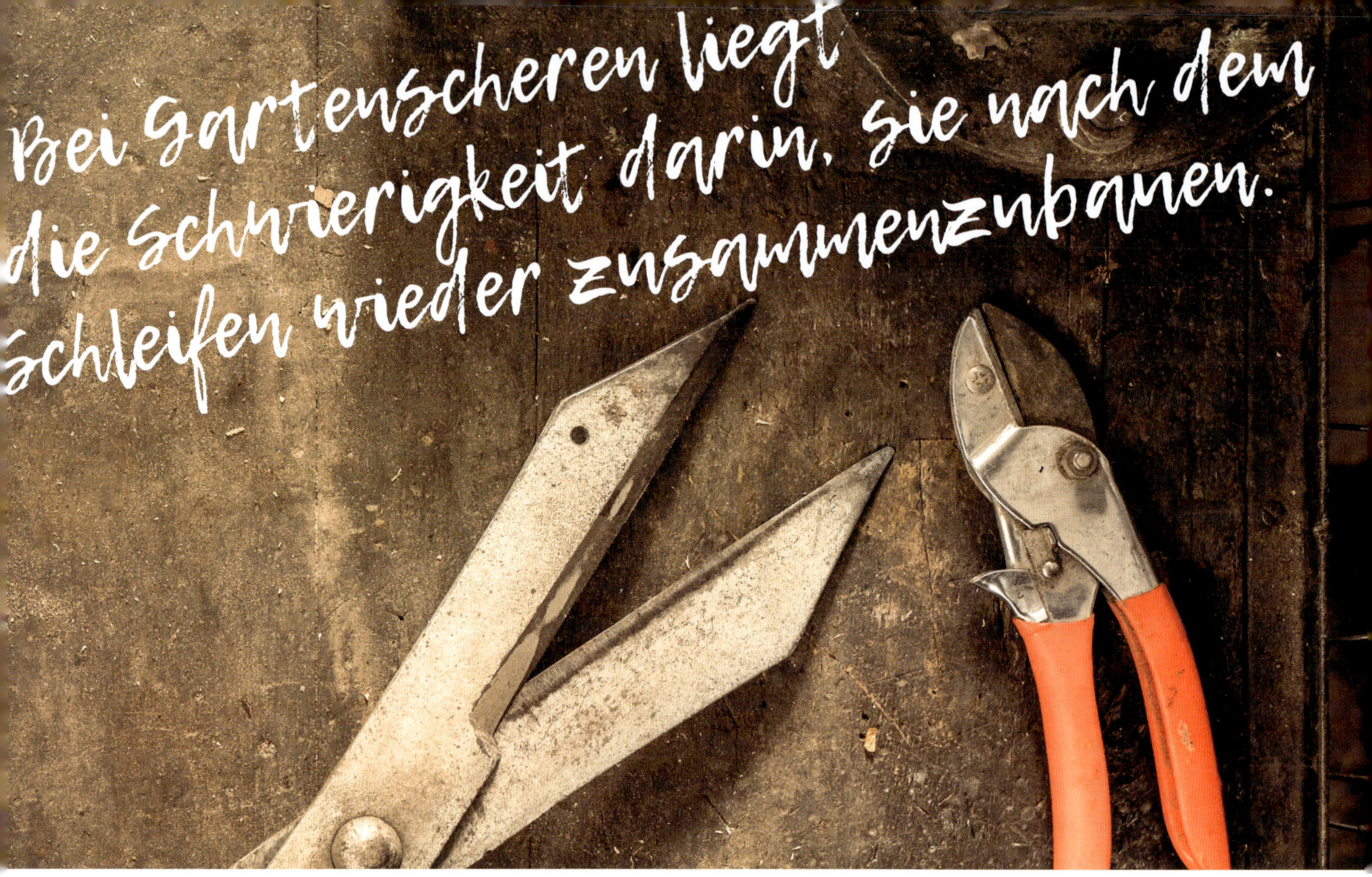

Einseitiger Anschliff/Scheren

Den einseitigen Anschliff findet man bei Messern eher selten. Am häufigsten kommt er bei japanischen Sushimessern vor. Anders sieht es bei Werkzeugen aus, wie Scheren oder Gartenwerkzeugen, da hat der einseitige Anschliff eine große Verbreitung. Der Unterschied bei dem Anschliff ist, wie es die Bezeichnung schon sagt, dass er nur von einer Seite angeschliffen ist, daher sind der Schärfewinkel und der Schneidwinkel identisch. Im Vergleich wird eine Klinge mit einem Flachschliff im 20°-Winkel geschärft, um einen 40°-Schneidwinkel zu erhalten. Bei dem einseitigen Anschliff wird die Klinge direkt im 40°-Winkel geschärft. Daher sollte man sich nicht verunsichern lassen, wenn der Winkel erst mal zu stumpf wirkt.

VORBEREITUNG

Der einseitige Anschliff wird auf dem Stein geschärft. Dies ist bei Messern wesentlich einfacher als bei Scheren oder Gartenwerkzeugen. Bei Scheren lassen sich meistens zwei Typen finden: zum einen die Schere, bei der sich die Blätter aneinander vorbei bewegen und so das Schnittgut zerteilen, zum anderen die Amboss-Schere, bei der das Schnittgut durch die Klinge an den Amboss gedrückt und somit im Druckschnitt zerteilt wird. Im Bereich des Haushaltes findet sich am meisten die zuerst beschriebene Art. Im Garten dagegen kommen häufig Amboss-Scheren zum Einsatz, zum Beispiel um Äste zu durchtrennen.

Viele Gartenscheren und auch einige Haushaltsscheren lassen sich auseinandernehmen, andere sind vernietet und somit nicht zu zerlegen. Bei der Demontage sollte unbedingt auf alle Kleinteile geachtet werden, damit wir die Schere nachher wieder zusammensetzen können. Das gilt besonders für Gartenscheren, denn diese besitzen oft einen Federmechanismus, der korrekt wieder zusammengebaut werden muss.

SCHÄRFEN DES EINSEITIGEN ANSCHLIFFS

Je nach Klinge und Anspruch muss unterschiedlich geschärft werden. Ein Sushimesser braucht eine hohe Schärfe, ebenso wie eine Stoffschere, bei der es zudem auf eine glatte Schärfe ankommt. Im Gegensatz dazu ist für eine Gartenschere oft eine bissige Schärfe besser geeignet. Dementsprechend müssen wir die Körnung niedriger oder höher wählen.

Der Schärfewinkel kann sehr unterschiedlich ausfallen, ein Messer wird oft im Bereich 40° und niedriger liegen, wohingegen der Anschliff bei Scheren zwischen 90 und 40° liegt, in seltenen Fällen niedriger. Es kann vorkommen, dass die Schleifwinkel einer Schere bei den Blättern unterschiedlich ausfallen. Daher ist es ratsam, immer erst mit der Edding-Methode den Schleifwinkel zu ermitteln. Dann schärfen wir die Klingen in der 6-Schritt-Methode (siehe S. 55). Der eigentliche Unterschied zwischen Flachschliff und einseitigem Anschliff ist, dass die Klingen beim einseitigen Anschliff nur auf einer Seite geschärft und auf der anderen lediglich abgezogen werden. Das bedeutet: Haben wir die Klinge soweit geschärft, dass sich ein Grat gebildet hat, legen wir die Klinge mit der flachen Klingenseite auf den Stein und ziehen sie in Richtung Klingenrücken. Um den Grat zu reduzieren, kann dies wie in der beschriebenen Methode im Wechsel gemacht werden.

Bei Messern und Scheren muss ein Unterschied beachtet werden: Ein Messer kann beim Abziehen auf dem Stein minimal angehoben werden, um den Grat zu reduzieren. Dies schont zum einen den Klingenspiegel, zum anderen wird die Schneide präziser getroffen. Bei der Schere muss das Scherenblatt flach auf dem Stein liegend abgezogen werden, damit die Blätter später beim Schneiden richtig Kontakt haben. Sonst könnte es passieren, dass das Schnittgut geknickt wird und nicht geschnitten.

Kann die Schere nicht demontiert werden, muss sie im geöffneten Zustand geschärft werden. Dazu stellen wir den Schleifstein am besten an eine Tischkante, damit genug Platz für das nicht zu bearbeitende Blatt vorhanden ist. Es ist etwas Vorsicht geboten, damit man sich nicht am freien Blatt verletzt.

Gartenschere

Nur 3 Schritte

Bei Gartenscheren reichen uns drei Schritte: Schärfen, Grat reduzieren und Abziehen.

1. Schärfen

Die Klinge der Schere wird am besten in einer Bewegung zum Körper hin geschärft. So können wir sehen, ob die Schneide richtig auf dem Stein aufliegt.

2. Grat reduzieren

Nach dem Schärfen wird der Grat reduziert, indem die Klinge mit der flachen Seite aufgelegt und zur Schneide hin bewegt wird.

3. Abziehen

Das Abziehen funktioniert ähnlich wie beim Messer. Abwechselnd werden die Seiten bearbeitet.

Schere

1

2

3

4

5

Ein Planschliff ist meist nicht erforderlich, da die Schere oft sehr flächig bearbeitet wird.

1. Vorschliff

SCHÄRFEN

Die Klinge wird am besten in einer Bewegung zum Körper hin geschärft, damit wir sehen können, ob die Schneide richtig auf dem Stein aufliegt. Das machen wir so lange, bis ein Grat entsteht.

GRAT REDUZIEREN

Nach dem Schärfen wird der Grat reduziert, indem die Klinge mit der flachen Seite aufgelegt und zur Schneide hin bewegt wird.

2. Hauptschliff

SCHÄRFEN

Der Hauptschliff funktioniert wie der Vorschliff. Auch hier orientieren wir uns am Grat.

GRAT REDUZIEREN

Zum Abschluss vom Hauptschliff reduzieren wir wiederum den Grat.

3. Feinschliff

Mit dem Feinschliff erhöhen wir die Schärfe der Schere.

4. Grat reduzieren

Jetzt kann der Grat nochmals reduziert werden.

5. Abziehen

Das Abziehen funktioniert ähnlich wie beim Messer. Abwechselnd werden die Seiten bearbeitet.

praxis
RASENMÄHERMESSER

Befestigung im Schraubstock

Messer befestigen

Befestigen auf der Tischkante

Rasenmähermesser

Das Rasenmähermesser besitzt zwar einen einseitigen Anschliff wie Scheren, aber aufgrund seiner Größe ist es ratsamer, dieses Messer stationär zu bearbeiten. Das Messer sollte nach der Demontage erst einmal von allen Verunreinigungen gesäubert werden, um ein ordentliches Bearbeiten zu ermöglichen. Anschließend befestigen wir das Messer an einer Tischkante oder in einem Schraubstock. Rasenmähermesser sind in den meisten Fällen nicht sehr hart, damit es nicht so schnell zu Ausbrüchen oder gar zum Zerbrechen der Klinge kommt. Deshalb können wir das Messer mit einer Feile nachbearbeiten. Dazu eignet sich eine Mühlsägenfeile mit dem Hieb 3 (Hieb 1: Grob; Hieb 2: Mittel; Hieb 3: Fein), die nicht so tiefe Riefen im Stahl hinterlässt. Sollte die Feile doch einen zu geringen Abtrag haben, kann mit einem gröberen Hieb begonnen werden.

Die Klinge wird mit der Feile in Richtung Schneide bearbeitet. In vielen Fällen weist die Schneide viele Beschädigungen auf und wir bearbeiten sie so lange mit der Feile, bis diese herausgefeilt sind. Es muss darauf geachtet werden, dass die Schneide dabei nicht zu sehr abgerundet wird. Um dem entgegenzuwirken, kann die Schneide zwischendurch mit einigen Zügen quer abgezogen werden. Dazu setzen wir die Feile mittig auf die Schneide und ziehen in Richtung Körper. Zum Schluss kann die Schneide noch mit einem Sensenstein geglättet werden.

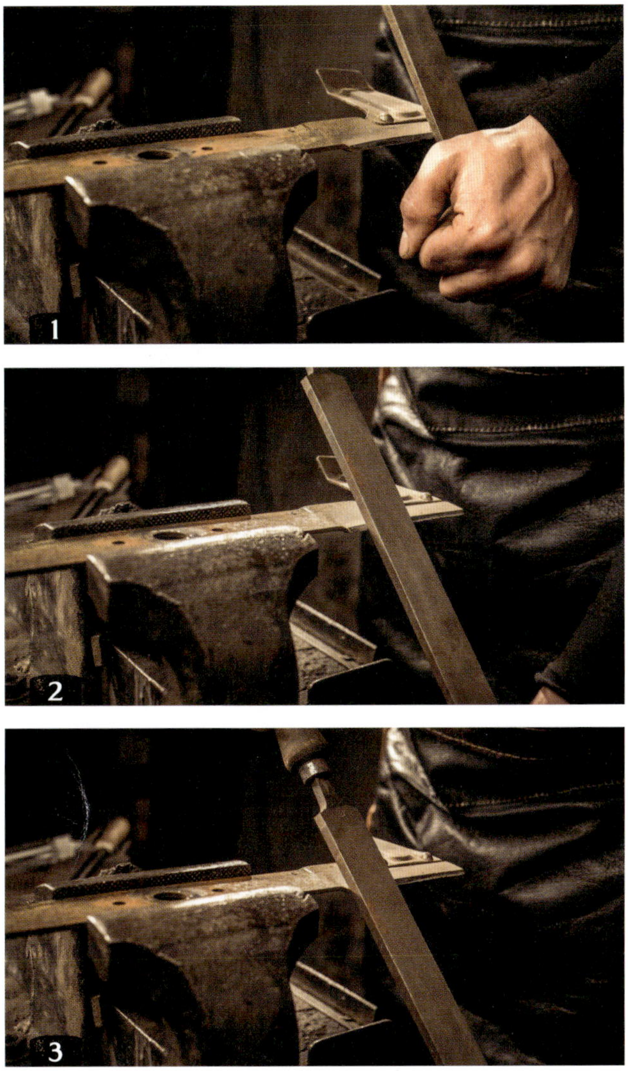

1. Bearbeitung mit der Feile

Mit der Feile wird die Schneide bearbeitet, bis ein Grat entsteht.

2 Querabzug

Die Feile wird quer zum Hieb benutzt, um Unebenheiten auszugleichen.

3. Glätten mit dem Sensenstein

Mit dem Sensenstein wird die Schneide nochmal abgezogen und der Grat entfernt.

So ein selbst gebauter Werkzeugkasten hat seinen eigenen Charme.

praxis BALLIGER SCHLIFF

Balliger Schliff

Der ballige Schliff findet sich oft an Messern, die für einen groben Einsatz gedacht sind, z. B. Haumesser, Küchenbeile oder manche Outdoormesser. Die Schneide ist sehr unempfindlich gegenüber Ausbrüchen und Beschädigungen, dafür ist sie aber auch nicht besonders scharf.

Der ballige Anschliff lässt sich auf dem Schleifstein nachschärfen. Die besondere Herausforderung ist es, die konvexe Form beizubehalten. Wir nutzen wieder die 6-Schritt-Methode (siehe Seite 55), die Scheibenwischerbewegung wird allerdings nur in Zugrichtung Klingenrücken ausgeführt. Zunächst wird die Klinge oben an den Schleifstein gesetzt. Die Schneidfase liegt hierbei nur am oberen Teil auf, dann wird die Klinge in Richtung Klingenrücken gezogen und dabei horizontal leicht in Richtung Schneide gekippt, sodass diese dann den Stein berührt. Wir können uns dabei an der Bildung des Grats orientieren. Die Schwierigkeit liegt darin, die Klinge nicht zu weit zu kippen, um die Schneide nicht abzurunden.

Herausforderung balliger Schliff: Die Klinge muss im hinteren Teil angehoben werden, damit die Balligkeit beim Schärfen auf dem Stein erhalten bleibt.

1. Planschliff

Sollte die Schneide Unebenheiten oder Ausbrüche aufweisen, muss sie zunächst plangeschliffen werden. Dazu wird die Klinge senkrecht auf den Stein gesetzt und vor und zurück bewegt, bis alle Unebenheiten herausgeschliffen sind.

2. Vorschliff

Beim Vorschliff empfehle ich, mit der Eddingmethode zu arbeiten, um den Schleifwinkel zu ermitteln. Es ist wichtig, immer die leichte Drehbewegung zu machen, um die Balligkeit zu erhalten. Sonst wird die Schneidfase zu flach. Wenn ein Grat entsteht, wechseln wir die Seite.

Die Schneide wird vom Kehl bis zur Spitze Stück für Stück bearbeitet.

1

2

3

4

5

6

7

8

9

SEITE WECHSELN

Nun wird die andere Klingenseite auf dieselbe Weise bearbeitet. Zwischendurch sollten wir uns immer wieder ins Gedächtnis rufen, die Klinge nicht zu weit zu kippen.

1

2

3. Hauptschliff

Im Hauptschliff kommt es darauf an, die gesamte Länge der Schneidfase kontrolliert zu bearbeiten. Dabei orientieren wir uns wieder an der Gratbildung.

1

2

SEITE WECHSELN

Hat sich ein Grat gebildet, wechseln wir die Seite.

4. Feinschliff

Hier werden nur die Kratzer des vorherigen Schliffs herausgearbeitet.

SEITE WECHSELN
Auch der Feinschliff wird auf beiden Seiten durchgeführt. Hat sich auf der zweiten Seite ein Grat gebildet, ist es Zeit für den nächsten Schritt.

5. Grat reduzieren

Auf dem letzten verwendeten Stein reduzieren wir den Grat. Der Schleifwinkel wird etwas steiler gewählt und wir bewegen nur noch die Schneide leicht über den Stein. Dies geschieht immer im Wechsel der Klingenseiten.

6. Abziehen

Zum Schluss sollte die Klinge auf einem Pastenriemen abgezogen werden.

Man kann nie genug
Schleifpapier haben …

Bei der Schleifpapiermethode sinkt die Schneide in die weiche Unterlage ein und der zu schärfende Bereich wird komplett getroffen.

Schleifpapier-Methode

Ein balliger Schliff lässt sich auch mit Schleifpapier nachschärfen. Wir benötigen hierfür eine Schleifunterlage, die sich an die Balligkeit anpasst. Im Gegensatz dazu wird die Balligkeit beim Stein durch die Bewegung erzielt.

Eine geeignete Unterlage stellt ein Mousepad dar. Es ist weich genug, um sich der Klingenkontur anzupassen, aber nicht so weich und dick, dass die Schneide zu sehr abgerundet wird und keine Fase entsteht. Zudem benötigen wir Schleifpapier in den Körnungen 120 – 1000 und zwei Zwingen, die das Schleifpapier halten.

SCHLEIFMITTELAUSWAHL

Die Wahl des Schleifmittels sollte zugunsten der Qualität gehen – auch wenn es etwas kostspieliger ist –, denn das zahlt sich am Ende aus. Billige Schleifmittel verlieren schnell die Schleifkörner oder werden brüchig. Für die niedrigen Körnungen empfehle ich ein Schleifpapier auf Gewebebasis, das ist wesentlich stabiler als Papier. Für die Körnung 240 und mehr ist Nassschleifpapier eine gute Wahl.

SCHLEIFDRUCK & WINKEL

Den richtigen Druck beim Schärfen zu finden, ist bei dieser Methode nicht ganz einfach. Ist der Druck zu gering, wird die Schneide nicht richtig getroffen. Ist der Druck zu hoch, wird die Schneide zu stark abgerundet. In beiden Fällen würde das Messer nicht richtig scharf werden.

Den richtigen Winkel zu finden ist eine Herausforderung. Wird er zu flach gewählt und wir arbeiten mit viel Druck, kann der Klingenspiegel zerkratzt werden. Wird der Winkel zu steil gewählt und wir arbeiten mit zu wenig Druck, wird keine richtige Schärfe erzielt. Es empfiehlt sich, wieder die Eddingmethode zu nutzen. Zur Orientierung: Wir sollten den Winkel so wählen, dass ein Teil der Schneidfaser aufliegt, aber die Schneide noch etwas Platz zum Papier hat. Jetzt wird durch den Druck der komplette Kontakt zum Schleifpapier hergestellt. Achtung: Wölbt sich das Papier über die Schneide, ist der Druck zu hoch.

Vorbereitung

Das Mousepad wird an eine Tischkante gelegt, darauf kommt das Schleifpapier. Vorne und hinten befestigen wir das Ganze mit jeweils einer Zwinge, sodass es nicht verrutschen kann.

Schleifbewegung

Die Klinge wird vorne auf das Schleifpapier aufgesetzt und zum Körper hin gezogen. So gehen wir Stück für Stück vor, bis die ganze Schneide bearbeitet ist und wechseln dann die Seite.

Schärfen

Das Schleifen kann in der 6-Schritt-Methode (siehe Seite 55) durchgeführt werden.

1. PLANSCHLIFF
Sollte die Schneide Unebenheiten oder Ausbrüche haben, lassen sich diese am besten auf dem groben Stein korrigieren.

2. VORSCHLIFF
Der Schliff wird je nach Abnutzung der Schneide mit 120er- oder 180er-Papier ausgeführt. Hierbei müssen wir besonders auf den Klingenspiegel achten, damit dieser nicht durch die abgetragenen Schleifpartikel zerkratzt wird. Wie viele Züge das Schleifpapier aushält, ist schwer zu sagen, da die Abnutzung durch den Druck, den Messerstahl, die Härte und die Qualität des Papieres bestimmt wird. Erfahrungsgemäß wird die grobe Körnung am stärksten beansprucht, daher ist der Verbrauch höher als bei den anderen Körnungen.

3. HAUPTSCHLIFF
Beim Hauptschliff arbeiten wir mit den Körnungen 240, 320 und 400. Dieser Schritt kann nass erfolgen, dazu immer etwas Wasser auf das Papier geben. Wichtig: Das Schleifpapier muss wasserfest sein, sonst lösen sich die Partikel zu schnell ab.

4. FEINSCHLIFF
Für den Feinschliff können wir 600er-, 800er- und 1000er-Körnungen verwenden. Mit Wasser erzielen wir ein besseres Ergebnis, alternativ kann auch ein Öl benutzt werden.

5. GRAT REDUZIEREN
Auf der zuletzt verwendeten Körnung sollte der Grat reduziert werden. Dafür ziehen wir die Klinge immer abwechselnd auf jeder Seite ab. Der Winkel wird hierbei etwas steiler gewählt und der Druck etwas verringert.

6. ABZIEHEN
Für das Abziehen legen wir einen Pastenriemen auf das Mousepad und ziehen die Seiten abwechselnd ab.

praxis
AXT & BEIL

Das Holz wartet auf den Einsatz für einen schönen Messergriff. Es ist aus einem alten Kloster und dem Dachstuhl meiner Eltern
- Messer mit Geschichte!

Axt & Beil

Die Axt ist ein Schlagwerkzeug zur Bearbeitung von Holz. Die meisten Modelle sind Spaltäxte, mit ihnen wird Holz in Richtung der Faser gespalten. Das Beil ist fast wie eine kleine Axt, die mit einer Hand geführt wird. Es ist ebenso zur Holzbearbeitung gedacht.

Im Gegensatz zu den meisten Messern muss die Schneide einer Axt eine Schockbelastung aushalten, also eine spontane Druckbelastung. Deswegen muss sie sehr stabil sein und darf nicht zu Ausbrüchen neigen. Viele Äxte haben einen balligen Schliff. Allerdings kann es auch sein, dass die Geometrie des Axtblattes sehr ballig, die Schneidfase aber flach geschliffen ist. Beile können ebenfalls beide Schliffarten aufweisen.

Welche Axt – welche Schärfe?

Um eine Axt oder ein Beil zu schärfen, gibt es verschiedene Methoden. Es kommt zum einen auf die Handlichkeit an und zum anderen auf das gewünschte Schärfeergebnis. Daher soll hier eine Empfehlung erfolgen, welches Werkzeug wie geschärft werden könnte.

Beil

Ist es zum Holzspalten gedacht und hat einen balligen Schliff, kommt das Beil mit einer groben Schärfe aus. Aufgrund seiner Handlichkeit kann es mit der Methode des balligen Anschliffs geschärft werden. (siehe S. 102)

Spaltaxt

Sie hat den primären Einsatzzweck, Holz zu spalten. Der Schliff wird meist ballig sein, die Axt kommt mit einer groben Schärfe aus. Daher und aufgrund des hohen Gewichts sollte die Axt stationär geschärft werden, dabei wird der Stein über die Schneide bewegt. Aus Sicherheitsgründen sollte die Axt gut befestigt werden, entweder mit Schraubzwingen auf einem Tisch oder in einem Schraubstock. Je sicherer wir die Axt fixieren, umso einfacher ist das Schärfen, da sie nicht wackelt oder wegrutscht.

Zum Schärfen bietet sich ein Sensenstein an, er ist gut geeignet in der Handhabung und günstig in der Anschaffung, denn der Verschleiß ist mitunter sehr hoch. Äxte mit einer niedrigen Härte des Stahls können wir vorab mit einer Feile bearbeiten. Die Feile sollte nicht zu grob sein, da sie sonst tiefe Furchen hinterlassen kann – ich empfehle eine Mühlsägenfeile mit einem Hieb 2 oder 3.

Vorgehensweise

Der Stein wird mit beiden Händen festgehalten und über die Schneide bewegt. Dabei setzen wir den Stein mit dem oberen Teil an der unteren Kante der Schneide an und schieben ihn in einer leichten Rundbewegung Richtung Schneide. Diesen Schritt wiederholen wir so lange, bis sich ein Grat auf der anderen Seite aufgestellt hat. Danach wechseln wir die Seite der Axt und wiederholen den Vorgang, bis sich ein Grat aufgestellt hat. Nun wird die Axt auf den Nacken gestellt. Wir ziehen nochmals abwechselnd die Schneidwinkel ab, um den Grat weitestgehend zu entfernen. Ein Abzug mit einem Leder ist bei einer Spaltaxt nicht notwendig, da keine weiche Schärfe benötigt wird.

Sollte die Schneide der Axt mit einer Feile zu bearbeiten sein, wird diese erst mal anstelle des Steins benutzt. Danach sollten wir die Schneide aber noch mit einem Stein abziehen, damit sie eine saubere Schärfe bekommt.

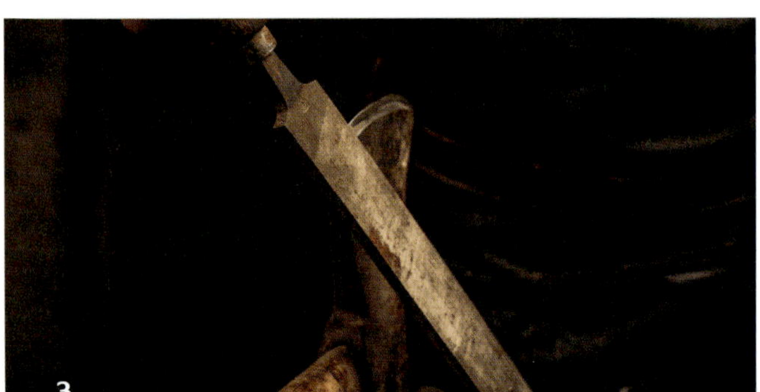

FEILE

Die sicher befestigte Axt kann zunächst mit einer Feile bearbeitet werden. Dies geschieht von beiden Seiten.

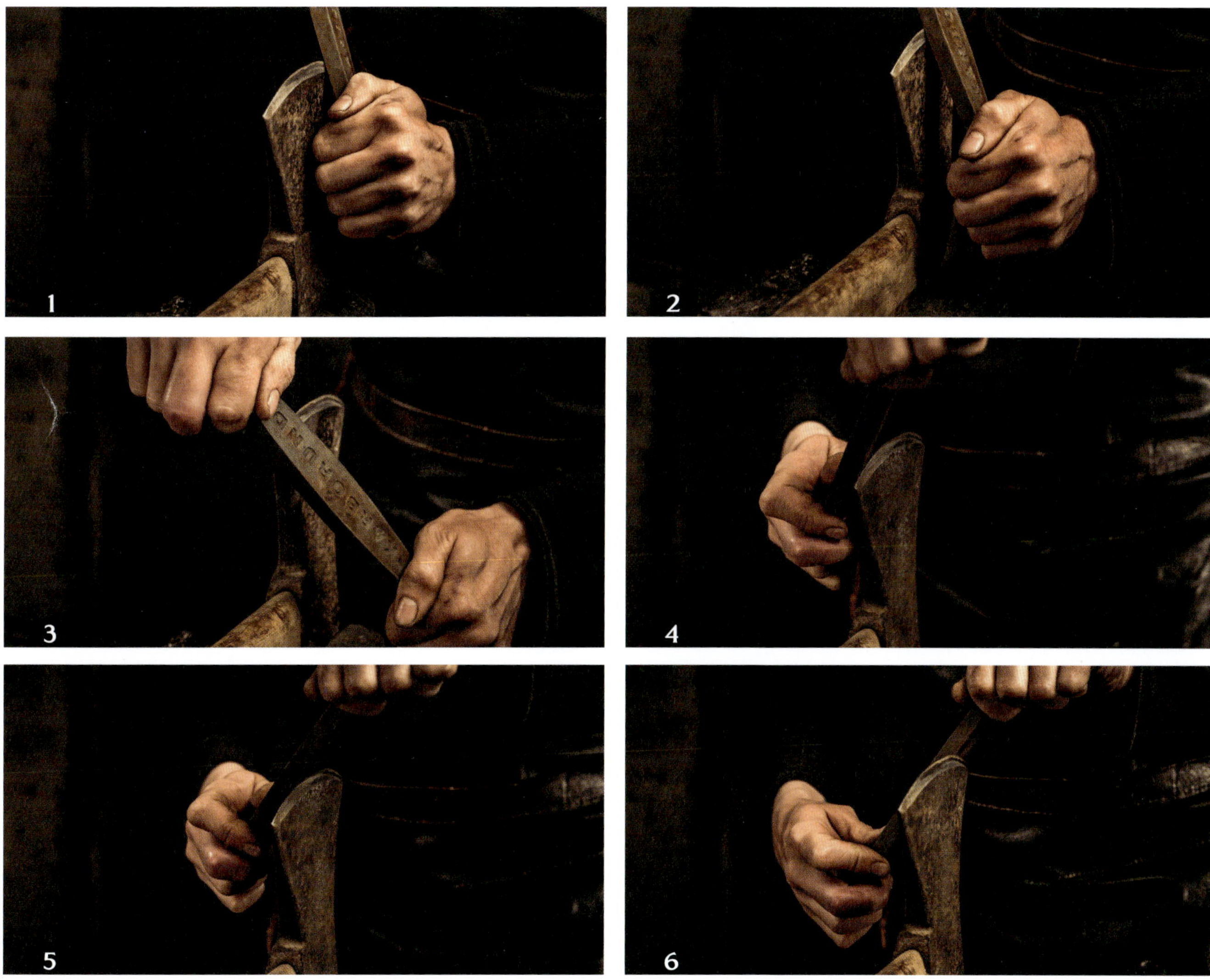

STEIN
Die Schneide wird abwechselnd mit dem Stein bearbeitet.

Campingbeil

Das Campingbeil hat meist einen flacheren Schliff, das ermöglicht ein leichteres und schneidenderes Einwirken dieses Werkzeuges. Daher kann das Beil mit einer feineren Schärfe versehen werden. Ist es handlich und leicht, können wir es wie bei einem Messer auf dem Stein schärfen. Die Schleifbewegung ist ähnlich der Scheibenwischerbewegung, es muss nur darauf geachtet werden, dass die komplette Schneide über den Stein bewegt wird. Das ist durch die Krümmung der Schneide etwas schwierig. Alternativ kann das Campingbeil auch mit der Schleifpapiermethode bearbeitet werden (siehe Seite 122).

Schleifen auf dem Schleifstein

Beim Schleifen des Beiles führen wir vier der sechs Schritte unserer bekannten Methode durch: Planschliff, Vorschliff, Hauptschliff und Abziehen.

1. Planschliff

Der Planschliff sollte immer in einer Bewegung über die ganze Schneide erfolgen, damit keine Facetten entstehen.

2. Vorschliff

Das Beil wird so lange bearbeitet, bis ein Grat entsteht. Wichtig ist, dass wir die Krümmung der Schneide berücksichtigen, damit sie komplett geschärft wird. Anschließend wechseln wir die Seite.

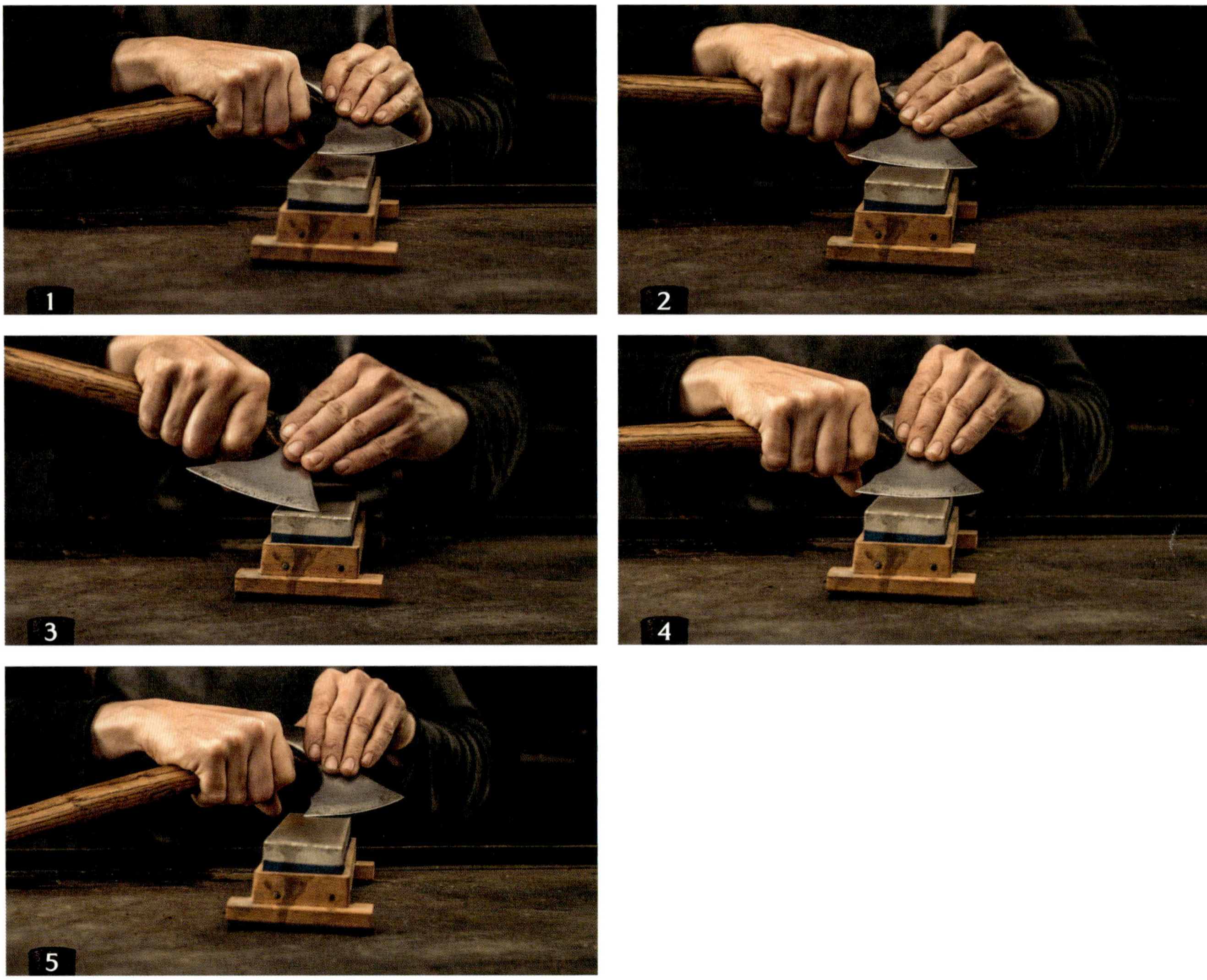

3. Hauptschliff

Der Hauptschliff funktioniert ähnlich wie der Vorschliff. Auch hier können wir uns an der Gratbildung orientieren, um zu wissen, wann wir die Seite wechseln.

4. Abziehen

Beim Abziehen sollten immer die Seiten gewechselt werden. Wichtig: Auch hier müssen wir darauf achten, die Krümmung der Schneide zu berücksichtigen.

Schleifpapier-Methode

1. Schärfen (beide Seiten)

Das Beil wird Stück für Stück über das Schleifpapier gezogen, bis sich ein Grat bildet.

2. Grat reduzieren

Die Schneide wird abwechselnd auf dem Papier abgezogen.

3. Abziehen

Die Schneide kann abschließend noch auf dem Leder abgezogen werden.

praxis
RASIERMESSER

TAYLOR'S EXTRA
WITNESS
HOLLOW GROUND RAZOR

Rasiermesser

Da das Rasiermesser wieder mehr an Bedeutung gewinnt, gehe ich kurz darauf ein – allerdings nicht in vollem Umfang, da dies den Rahmen des Buches sprengen würde. Zudem ist das korrekte Schärfen eines Rasiermessers nicht nur anspruchsvoll, sondern erfordert auch die Investition in spezielle Schleifsteine und weiteres Zubehör. Deshalb richten wir unser Augenmerk hier nur auf die Bereiche Pflege und Scharfhalten, die auch Einsteiger mit etwas Übung und dem vorhandenen Schleif-Equipment erfolgreich erledigen können.

PFLEGE

Das Rasiermesser ist, wie der Name schon sagt, nur für die Rasur gemacht. Es ist ein sehr präzises Werkzeug, das auf seinen Aufgabenbereich perfekt abgestimmt ist. Daher sollte es auch für nichts anderes verwendet werden.

Ein Rasiermesser darf nur alle 24 Stunden benutzt werden, denn diese Zeit braucht der feine Grat an der Schneide, um sich von selbst wieder aufzurichten bzw. sich teilweise von alleine aufzurichten, der Rest wird dann beim Abziehen auf dem Riemen gemacht.

Die meisten Rasiermesser sind aus rostendem Stahl gefertigt. Daher ist es wichtig, das Messer nach der Benutzung sauber und trocken wegzulegen. Es sollten sich keine Seifenrückstände auf der Klinge befinden, da diese zur Rostbildung führen können. Auch das Rasiermesserheft sollte ebenso gereinigt und getrocknet werden. Es empfiehlt sich, das Messer des Öfteren zu ölen, um Rost zu vermeiden. Das Rasiermesser sollte nicht im Badezimmer aufbewahrt werden, da in diesem Raum oft eine hohe Luftfeuchtigkeit herrscht, die zum einen zu einer Rostbildung führen kann und sich zum anderen negativ auf das Heft auswirkt – besonders wenn dieses aus Holz besteht.

SCHARFHALTEN

Abziehen

Wer sich ein Rasiermesser zulegt, muss sich direkt mit dem Abziehen, also dem Scharfhalten beschäftigen. Denn vor jeder Rasur muss das Messer sauber abgezogen werden, um eine saubere Rasur zu gewährleisten.

Für das Abziehen eignet sich ein unbehandelter Lederriemen am besten. Leder hat eine Narben- und eine Fleischseite, die Narbenseite ist die Hautschicht und die Fleischseite ist die dem Muskelgewebe zugewandte Seite. Abgezogen wird auf der Narbenseite. Dabei wird der feine Grat, den das Rasiermesser besitzt, gleichmäßig aufgestellt. Ich empfehle die Verwendung eines Hängeriemens, da er von der Größe gut passt und die benötigte Spannung individuell angepasst werden kann.

ABZIEHEN: TECHNIK

Der Hängeriemen wird sicher befestigt und mit einer Hand strammgezogen. Wir nehmen das Messer in die andere Hand, legen die Klinge flach auf den Riemen und bewegen sie in Richtung Rücken. Ist sie am Ende des Riemens angekommen, wird sie über den Klingenrücken gewendet und in die andere Richtung bewegt. Das Messer verliert beim Abziehen nie den Kontakt zum Riemen. Wie oft das Messer bewegt werden muss, ist schwer zu sagen, hier macht jeder seine eigenen Erfahrungen. Sinnvoll ist es, erst mal nur wenige Züge zu machen und bei Bedarf noch einmal nachzuarbeiten.

stramm

Anfängern empfehle ich, den Riemen sehr stramm zu ziehen beim Abledern. Ist das Ergebnis noch nicht zufriedenstellend, kann der Riemen etwas lockerer gehalten werden. Je lockerer der Riemen gehalten wird, umso stärker wird die Schneide berührt – das kann zur Folge haben, dass die Schneide mit der Zeit etwas ballig wird.

locker

Alternativ kann auch ein Stoßriemen verwendet werden.

Pastenriemen
Ist die Rasur trotz Abziehen auf dem Leder nicht zufriedenstellend, kommt ein Pastenriemen zum Einsatz. Dazu behandeln wir einen Hängeriemen mit Paste, z. B. Chrom- oder Eisenoxidpaste bzw. einer der auf dem Markt erhältlichen speziellen Pasten für Rasiermesser. Auf dem Riemen ziehen wir das Messer sehr vorsichtig ein paarmal ab. Es ist ratsam, den Riemen sehr stramm zu halten, damit die Schneide nicht ballig wird.

Stein
Ist das Rasiermesser auch nach dem Einsatz von Leder- und Pastenriemen nicht scharf genug, kann es auf einem sehr feinen Stein abgezogen werden. Dazu legen wir das Rasiermesser flach auf den Stein und bewegen es in Richtung Klingenrücken. Dann wird die Klinge gewendet und die andere Seite abgezogen. Nach dem Bearbeiten auf dem Stein wird die Klinge gereinigt, zuerst auf dem Pastenriemen und dann auf dem Leder abgezogen.

Welcher Stein?

Der Schleifstein muss eine sehr feine Körnung haben, damit der Abzug die Schneide nicht zusätzlich beschädigt. Die geeignete Körnung ist hier 3000–8000 (FEPA). Alternativ lässt sich ein Naturstein wie der Belgische Brocken verwenden. Steine in solch hohen Körnungen nehmen in der Regel nur sehr wenig Wasser auf und müssen deshalb nicht gewässert werden vor der Benutzung. Meist reicht es, wenn der Stein beim Schärfen etwas benetzt wird. Der Belgische Brocken kann zudem mit einem kleineren Stück aus demselben Material aufgeraut werden, damit ein bisschen Schleifschlamm zur Verfügung steht und der Abtrag verbessert wird.

Um ein gutes Ergebnis zu erzielen, muss der Stein sehr plan sein und darf keine Unebenheiten aufweisen. Deshalb ist es ratsam, für Rasiermesser gesonderte Steine zu haben, bei denen eine saubere Oberfläche gewährleistet ist. Werden auf den Steinen noch andere Messer bearbeitet, müssen sie vor dem Kontakt mit dem Rasiermesser erst plangeschliffen werden.

BELGISCHEN BROCKEN AUFRAUEN
Um den Abtrag zu verbessern, können wir den belgischen Brocken mit einem Stückchen desselben Materials aufrauen.

ABZIEHEN AUF DEM STEIN
Die Klinge wird flach aufgelegt und in Richtung Klingenrücken bewegt. Dann wechseln wir die Seite.

praxis

MESSER OPTIMIEREN

PAGET STAINLESS

Klinge einspannen

Bearbeitung von Hand

Messer optimieren

Damit Messer und Benutzer besser zusammenfinden, bedarf es bei manchen Modellen oder Ausführungen einiger Anpassungen. Das ist selbstverständlich kein Muss, sondern nur ein Vorschlag meinerseits. Der Hersteller wird sich bei seinem Entwurf Gedanken gemacht haben, warum er das Messer so und nicht anders designt hat.

BART

Manche Messer besitzen einen Bart, der die Finger hindern soll, auf die Klinge zu rutschen und diese weiter stabilisiert. Leider ist er sehr hinderlich, wenn das Messer des Öfteren nachgeschärft werden muss. Der Bereich der Schneide beim Bart wird mit der Zeit hohl geschliffen, sodass der hintere Teil der Schneide keinen Kontakt mehr zur Schneidunterlage hat. Um auf Dauer ein gutes Schleifergebnis zu haben, ist es ratsam, den Bart etwas zu kürzen. Dafür gibt es verschiedene Methoden. Die manuellen Methoden sind materialverschleißend und zeitintensiv. Aber für ein gutes Schärfeergebnis lohnt sich meiner Meinung nach die Bearbeitung. Mit elektrischen Werkzeugen geht es wesentlich schneller, doch nicht jeder hat die benötigten Werkzeuge zu Hause.

Manuelle Bearbeitung mit dem Schleifstein

Soll der Bart auf dem Schleifstein reduziert werden, empfiehlt sich die Verwendung eines sehr groben Steins, am besten eines günstigen Sensensteines. Denn der Stein wird bei dieser Arbeit stark in Mitleidenschaft gezogen. Er braucht nicht

Bearbeitung mit dem Winkelschleifer

gewässert zu werden, da es hier um einen starken Abtrag geht und nicht um gleichmäßiges Schärfen. Der Stein muss allerdings sicher befestigt werden, z. B. mit einer Schraubzwinge an der Tischkante. Am besten legen wir ein Tuch unter den Stein, um ein Zerkratzen des Tisches zu vermeiden. Die Klinge wird mit dem Bart aufgesetzt und über den Stein hin und her bewegt. Das Messer muss so gehalten werden, dass die Schneide nicht über den Stein bewegt wird.

Alternativ spannen wir das Messer in einen Schraubstock ein und bewegen den Stein mit den Händen über den Bart.

Manuelle Bearbeitung mit Schleifpapier

Anstelle des Steins kann man Schleifpapier verwenden. Dazu sollte ein grobes Schleifpapier (Körnung 60) gewählt werden, das um eine Buchenholzleiste gewickelt wird, um ein Verrutschen zu vermeiden. Die weitere Bearbeitung erfolgt wie mit dem Schleifstein.

Bearbeitung mit elektrischen Werkzeugen

Mit elektrischem Werkzeug ist der Arbeitsschritt wesentlich einfacher und schneller zu erledigen. Vorweg ist allerdings zu sagen, dass der Umgang mit solchen Werkzeugen gefährlich ist, besonders, wenn an einem Messer gearbeitet wird. Daher sollte dieser Schritt nur gemacht werden, wenn er sicher durchgeführt werden kann. Zudem muss das Messer beim Schleifen vor Überhitzung geschützt werden. Das bedeutet, dass der Klingenbereich nicht zu heiß geschliffen werden darf, denn eine hohe Hitze wirkt sich negativ auf den Stahl aus. Deshalb sollte nur

Reduzierter Bart

kurz geschliffen und zwischendurch mit Wasser gekühlt werden. Bildet sich eine Anlauffarbe wie Blau oder Lila, ist der Stahl überhitzt und wird weich (siehe Grafik unten).

Am einfachsten ist das Nacharbeiten an einem Bandschleifer. Dieser sollte stationär sein, die Klinge wird dann auf das laufende Band gesetzt. Wer einen Winkelschleifer benutzt, sollte als Aufsatz eine Fächerscheibe verwenden, da diese einen weniger aggressiven Abtrag hat als eine Schruppscheibe. Das Messer wird sicher in einem Schraubstock befestigt und dann wird mit dem Winkelschleifer der Bart reduziert.

Steht ein Bohrschleifer – Dremel, Proxxon oder ein vergleichbares Gerät – zur Verfügung, kann der Bart gut mit den zugehörigen Schleifkörpern bearbeitet werden.

Wird Stahl erhitzt, bilden sich je nach Temperatur unterschiedliche Anlauffarben.

SCHLEIFKERBE

Dies betrifft hauptsächlich Outdoor- und Jagdmesser, bei denen manchmal eine Schleifkerbe vorhanden ist. Das ist eine Kerbe, die sich zwischen der Schneide und dem Kehl befindet. Der Vorteil: Die Schneide kann komplett geschärft werden, ohne dass der Kehl im Weg ist. Ohne Schleifkerbe kommt es öfters vor, dass die Schneide auf Dauer einen Recurveschliff bekommt. Der Nachteil: Bei manchen Schneidaufgaben wie dem Schnitzen fehlt das Stück der Schneide.

Soll eine Schleifkerbe zusätzlich angebracht werden, braucht man Spezialwerkzeug. Entweder kann eine Diamantfeile benutzt werden oder ein Bohrschleifer. Das Messer wird in eine Hand genommen, mit der anderen Hand wird die Schleifkerbe eingearbeitet.

Klinge mit Kerbe

praxis

SCHÄRFEN FÜR UNTERWEGS

Schärfen für unterwegs

Als Angler, Jäger oder beim Zelten hat man Messer draußen in Benutzung. Ein Nachschärfen am Stein ist da ohne Weiteres nicht möglich. Zunächst kann ein kleinerer Abziehriemen gute Dienste leisten. Doch wenn das Messer stärker beansprucht wurde, reicht der Abzug über den Pastenriemen möglicherweise nicht mehr und es muss nachgeschärft werden. Besonders bei der Jagd ist ein scharfes Messer wichtig, um sauber am erlegten Wild zu arbeiten, und das Nachschärfen muss schnell und unkompliziert sein.

Eine Möglichkeit sind kleine transportable Schleifsteine für unterwegs (siehe Fotos 1 – 4). Der Nachteil liegt allerdings in einer schlechten Handhabung, das Bearbeiten der Schneide ist in vielen Fällen umständlich. Zudem kann ein Stein schnell Schaden nehmen, wenn er transportiert oder beispielsweise am Gürtel getragen wird.

Eine gute Alternative ist der ausklappbare Diamantschärfer „Diafold" (siehe Fotos rechts). Er hat einen guten Abtrag und ist mit zwei Körnungen erhältlich. Benutzung: Der Schärfer wird in der einen Hand und das Messer in der anderen Hand gehalten. Dann wird die Klinge in Richtung Schneide leicht über den Schärfer bewegt, also eine halbe Scheibenwischerbewegung. Ein paar Züge mit wenig Druck müssten ausreichen, um die Schärfe wiederherzustellen.

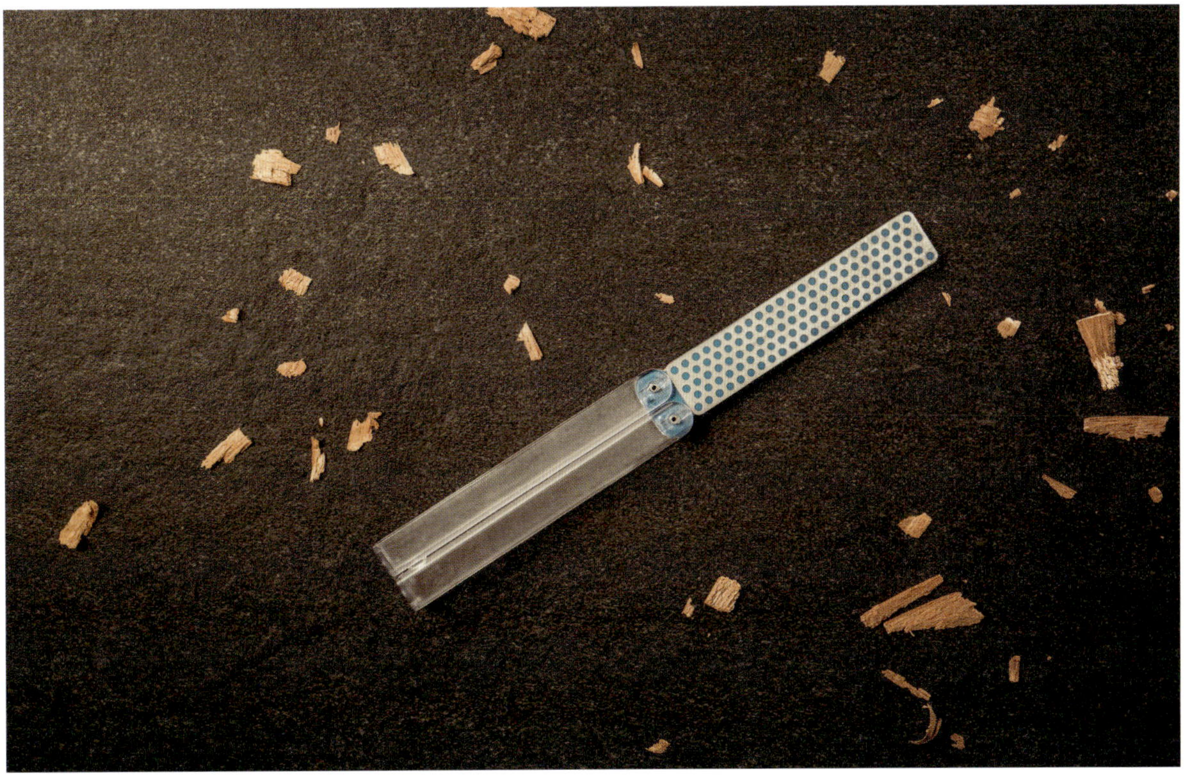

Der Diamantschärfer „Diafold" lässt sich zusammenklappen – praktisch für unterwegs.

praxis

SCHLEIFSTEIN ABRICHTEN

Schleifstein abrichten

Mit der Zeit schleift sich der Stein hohl: Das heißt, er bekommt eine Vertiefung in der Mitte, während die Enden höher stehen. Beträgt die Höhe der Abnutzung – gemessen zwischen der Vertiefung in der Mitte und der Erhebung an den Außenkanten – mehr als 2 mm, sollten wir den Stein abrichten. Denn je gerader der Stein, umso besser unser Schleifergebnis. Wenn die Schneide sehr präzise sein muss, ist es unverzichtbar, dass der Stein eine plane Oberfläche hat. Zum Beispiel sollte das Schleifen eines Rasiermessers immer auf einem ebenen Stein erfolgen, denn Unregelmäßigkeiten in der Schneide können zu einer mangelhaften und schmerzhaften Rasur führen. Beim Abrichten werden zudem Verunreinigungen entfernt und neue scharfe Schleifpartikel an die Oberfläche gebracht. Dies kann auf mehrere Arten passieren.

STEIN/BETONPLATTE

Eine einfache Methode ist es, den Schleifstein auf einem geraden und harten Untergrund wie einer Steinplatte oder einer Betonfläche abzurichten. Dazu bewegen wir den Stein im nassen Zustand über den Boden – so als wollen wir mit einer Bürste den Boden schrubben. Es ist ratsam, mit viel Wasser zu arbeiten, damit die überflüssigen Partikel weggeschwemmt werden.

Achtung: Da Betonflächen oft gröbere Partikel enthalten, die tiefe Kratzer in der Oberfläche des Steins verursachen können, sollten wir den Untergrund sorgfältig wählen.

SCHLEIFPAPIER

Wer mit Schleifpapier abrichten möchte, benötigt einen glatten Untergrund wie eine Glasplatte und einen Bogen grobes Schleifpapier Körnung 80. Der Stein wird einfach über das Schleifpapier bewegt. Bei japanischen Steinen ist dies meist ausreichend, da sie weich sind und der Abtrag schnell erfolgt. Bei europäischen Schleifsteinen können wir Siliziumkarbid-Pulver zwischen Stein und Papier geben, um den Abtrag zu erhöhen.

ABRICHTGITTER

Es gibt spezielle Gitter, auf denen der Stein abgerichtet werden kann. Allerdings verschleißen sie sehr schnell und erzielen kein gutes Ergebnis.

ABRICHTSTEIN

Zum Abrichten gibt es spezielle Abrichtsteine mit grober Körnung. Ist der Abrichtstein kleiner als der Schleifstein, wird er über den Schleifstein bewegt, um Material abzutragen. Hier ist Vorsicht geboten, damit wir die richtigen Stellen treffen und den Schleifstein nicht beschädigen. Einfacher ist es, wenn der Abrichtstein größer als der Schleifstein ist, sodass wir den Schleifstein über den Abrichtstein bewegen können.

Vor dem Abrichten wird der Stein mit einem Muster markiert. Ist es verschwunden, ist der Stein wieder plan.

Tipps

- Der Untergrund zum Abrichten sollte gröber sein als der Schleifstein, damit ein guter Abtrag erfolgt. Um den Abtrag zu erhöhen, können wir Siliziumkarbidpulver benutzen.
- Der Druck auf den Stein sollte vor allem auf den Enden liegen. Ist der Stein bereits sehr weit durchgeschliffen, könnte er bei einem zentrierten Druck auf die Mitte brechen.
- Bei den meisten Steinen ist ein Abtrag deutlich zu erkennen, da Verunreinigungen heruntergeschliffen werden und eine saubere Oberfläche zum Vorscheinen kommt. Alternativ können wir die Oberfläche des Steins markieren, indem wir mit einem Filzstift Muster über den gesamten Stein malen. Sind diese nicht mehr zu sehen, ist der Stein plan.

Stein/Betonplatte

Schleifpapier

Abrichtstein

Extra BAUANLEITUNGEN

Bauanleitung Schleifsteinhalter

MATERIAL
- Buchenholzleiste 50 oder 60 (je nach Breite des Steins) Breite x 10 mm
- Buchenholzleiste 20 x 5 mm
- Leim, wasserfest
- Nägel oder Schrauben
- 4 Antirutschfüße
- Holzöl
- evtl. Schrauben
- evtl. Nägel

WERKZEUG
- Säge
- 2 Schraubzwingen
- Schleifpapier
- evtl. Bohrer

1

Als Erstes längen wir von der stärkeren Buchenleiste ein Stück in der Größe des Steines ab. Das Stück darf ein paar Millimeter länger sein als der Stein, damit er nachher problemlos in die Halterung passt. Dann werden aus der schlanken Leiste die Seiten geschnitten. Die Vorder- und die Hinterleiste sollen die Breite der Grundfläche bekommen, zuzüglich der Vorder- und Hinterleiste. Die Seitenleisten schneiden wir in der Länge der Grundfläche.

Jetzt werden die Seitenleisten angeleimt und mit den Zwingen gesichert.

Danach werden die Vorder- und die Hinterleiste angeleimt und mit einer Zwinge gesichert.

Auf der Unterseite des Halters bringen wir zwei Leisten an, die ca. 10 mm über den Rand hinausragen. Das soll ein mögliches Umkippen des Halters verhindern.

Diese Leisten können ebenfalls aus der größeren Leiste gesägt werden. Sie werden angeleimt und gegebenenfalls mit Schrauben gesichert.

Die Antirutschfüße kleben wir unter die Leisten. Der Rahmen kann zusätzlich mit Nägeln oder Schrauben gesichert werden.

Damit keine Holzfasern überstehen, glätten wir die Holzteile an den Schnittkanten mit Schmirgelpapier.
Mit dem Schleifpapier lässt sich die Innenseite bei Bedarf vergrößern, sodass der Stein besser passt.
Zum Schluss müssen wir den Halter ausreichend ölen, z. B. mit Leinölfirnis gemischt mit Terpentin. Das Öl muss im Holz aushärten, dann ist der Halter wasserabweisend.

MATERIAL

- 2 Holzleisten L: 300 / 25 x 25 mm (Sockelleisten)
- 2 Holzleisten L:230 / 20x20 mm
- 4 Holzstücke L.30 / 20x20 mm
- 2 Holzrechtecke 50x40x15 mm
- 1 Scharnier
- 2 Winkel
- 1 Gewindestange m6 Länge ca. 50 mm
- 2 Flügelmuttern
- 1 Rundholz 10 mm (Größe je nach zu bearbeitender Welle)
- Schrauben
- Leim, wasserfest
- Holzöl
- 4 Antirutschfüße

WERKZEUG

- Säge
- Bohrmaschine/Akkuschrauber
- Schraubendreher
- Schleifpapier
- 3 Schraubzwingen

Bauanleitung Wellenschliff-Vorrichtung

1

Als Erstes sägen wir die Teile Gemäß Materialliste zu.

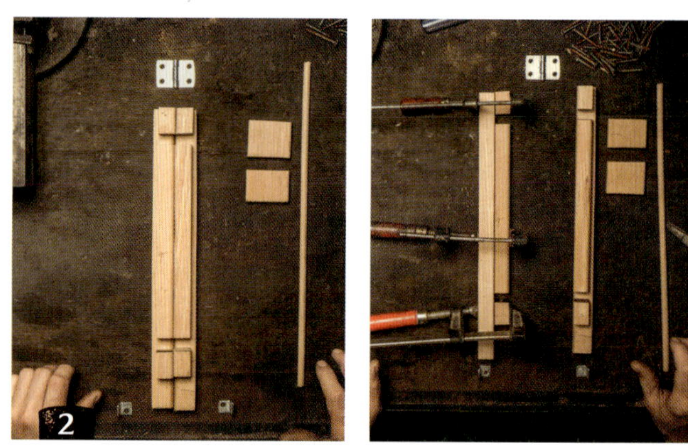

2

Dann werden die zwei Holzleisten auf die Sockelleisten geleimt, zusätzlich werden die 4 Holzstücke angebracht. Der Abstand zwischen Leiste und Holzstück sollte die Stärke des Rechtecks haben. Wichtig ist, dass die Holzstücke oben mit der Sockelleiste abschließen.

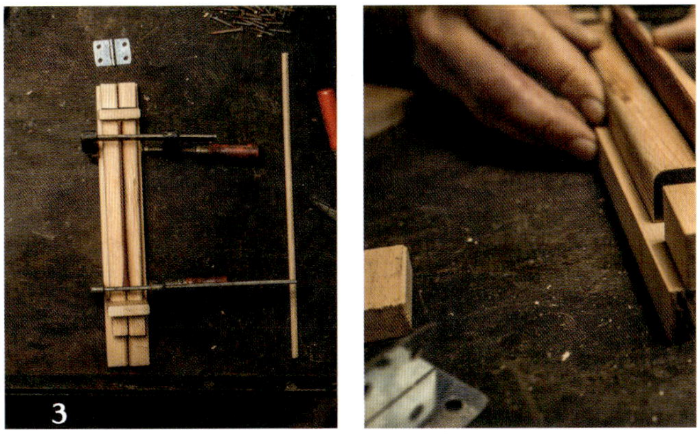

3

Jetzt legen wir Schleifpapier als Platzhalter zwischen die Sockelleisten. Dann werden diese mit Schraubzwingen gesichert.

4

Anschließend wird das Scharnier befestigt. Dazu werden erst Löcher gebohrt und dann die Schrauben angebracht, um ein Splittern des Holzes zu vermeiden.

5

Durch das Scharnier kann man die Vorrichtung nun „aufklappen“.

6

Anschließend setzen wir die Rechtecke in die Aussparungen und markieren sie mit dem passenden Bohrer für die späteren Löcher. Wichtig ist, dass wieder Schleifpapier als Platzhalter verwendet wird.

7 Jetzt werden die Löcher gebohrt und das Rundholz wird eingepasst.

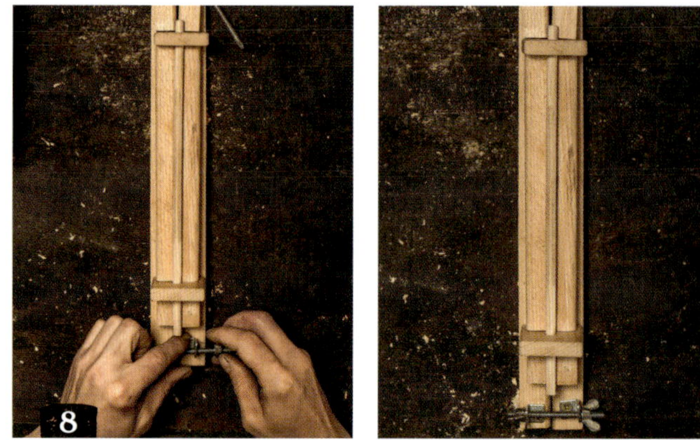

8 Am unteren Ende schrauben wir die Winkel auf die Sockelleiste. Es muss darauf geachtet werden, dass die Gewindestange hindurchpasst.

9 Zum Schluss legen wir das Schleifpapier um das Rundholz und setzen es in die Vorrichtung.

10 Mit der Gewindestange wird das Schleifpapier von den Sockelleisten gehalten.

Die Holzkanten können mit Schleifpapier geglättet werden. Die einzelnen Holzteile lassen sich noch mit Schrauben oder Nägeln sichern. Für einen besseren Halt auf dem Tisch beim Schärfen sorgen Antirutschfüße. Zum Schluss sollten wir die Vorrichtung noch ölen.

Extra NÜTZLICHES ZUM SCHLUSS

Die Lampe haben wir aus der
alten Zahnarztpraxis eines
Freundes geschenkt bekommen.

Winkeländerung/Extremschärfe

Die Winkeländerung ist etwas für Erfahrene und für Leute, denen die normale Schärfe nicht ausreicht bzw., die schauen wollen, wie weit man es beim Thema Schärfe treiben kann. Dazu wird der Schneidwinkel etwas spitzer gemacht und dem Messer so eine höhere Schärfe verliehen. Allerdings empfiehlt sich eine solche Aktion nicht für jedes Messer, der Stahl und der komplette Schliff der Klinge sollten dafür geeignet sein. Besitzt die Klinge eine Nagelgängigkeit, kann sie sehr scharf geschliffen werden.

Die Winkeländerung wird von der Bewegung her wie der grobe Vorschliff (siehe S. 58)gemacht. Zuerst ermitteln wir mit der Eddingmethode den bestehenden Winkel. Ist dieser gesichert, können wir den neuen Winkel wählen (ebenfalls mit der Eddingmethode). Nach Auftragen des Eddings auf der Schneide setzen wir die Klinge in einem flacheren Winkel auf den Stein an und führen eine Schärfebewegung aus. Der Abtrag muss jetzt am hinteren Teil der Schneide erfolgt sein. Die Bewegung sollte so lange erfolgen, bis der Winkel über die gesamte Länge der Schneide verändert wurde. Dann führen wir wieder die Scheibenwischerbewegung aus, damit die Schneide überall angeglichen wird. Die Schneidfase müsste jetzt breiter sein als zuvor. Wer die Schärfe weiter steigern möchte, greift zu feineren Steinen, z. B. einem belgischen Brocken oder einem feineren japanischen Stein (Körnung ab 4000 aufwärts). Nach Einsatz des Steines können zudem Abziehriemen mit verschiedenen Körnungen benutzt werden.

PRÜFUNG DER SCHÄRFE

- Das Messer auf die flache Hand legen und damit ein Blatt zerteilen, ohne das Messer von der Hand zu schieben.
- Ein Blatt falten, hinstellen und zerteilen, ohne es zu knicken.
- Eine besondere Herausforderung: eine Tomate zerteilen, ohne sie festzuhalten. Dazu die Tomate halbieren und auf die Schnittstelle legen. Mit dem Messer eine Scheibe von der Tomate abheben.

Die häufigsten Fehler und wie ich sie vermeide

Nimmt das Messer auch nach einer ausgiebigen Bearbeitung einfach keine Schärfe an, kann es verschiedene Ursachen geben.

- Zunächst sollten wir den Schleifwinkel prüfen: Ist er richtig ermittelt? Ist er sauber eingehalten worden?
- Ist der Schleifwinkel richtig gewählt und eingehalten, schauen wir uns den Stein an: Ist er zu fein? Aus dem Wunsch heraus, eine hohe Schärfe zu erzielen, wird oft direkt mit feinen Steinen angefangen. Bei einem stumpfen Messer dauert es allerdings sehr lange, auf einem solchen Stein einen Grat und damit auch eine Schärfe herauszuarbeiten. Deshalb sollte man die Körnung des Steines kontrollieren und gegebenenfalls einen gröberen Stein auswählen. Auch wer sehr viel Druck beim Schleifen aufwenden muss, hat wahrscheinlich einen zu feinen Stein genommen.
- Sind Schleiftechnik und Stein soweit in Ordnung, richtet sich unser Augenmerk auf das Messer: Haben wir ein schlechtes Messer? Möglicherweise liegt der mangelnde Erfolg beim Schärfen an der Qualität des Messers. Minderwertige Messer nehmen mitunter auch durch intensives Schleifen keine Schärfe an bzw. werden diese Schärfe nicht lange halten. Deshalb sollten wir beim Kauf auf eine entsprechende Qualität der Klinge achten.

Tipps und Anregungen

GEDULD UND ÜBUNG

Alles, was wir anfangen zu lernen, braucht Zeit. Das kann von Person zu Person sehr unterschiedlich ausfallen. Es ist normal, erst einmal ein paar Fehlversuche zu verzeichnen, bis es klappt. Man darf sich nicht entmutigen lassen, selbst wenn der erste Schliff eine halbe Stunde oder länger dauert. Mit der Zeit werden wir immer schneller und sorgfältiger.

ALTE SCHLEIFSTEINE

Gelegentlich findet man noch alte Schleifsteine, sei es zu Hause oder auf Trödelmärkten. Ob diese Steine noch benutzt werden können, lässt sich nicht pauschal beantworten. Am besten nehmen wir ein altes Messer und schauen, was mit dem Stein machbar ist. Vielleicht ist es ja ein besonderes Stück.

KEINE ANGST VOR GUTEN MESSERN

Auch die schönen und teuren Messer werden mit der Zeit stumpf. Wer Angst hat, die guten Stücke beim Schärfen zu beschädigen, sollte wissen: Dass ein Messer beim Schärfen unwiederbringlich beschädigt wird, ist sehr unwahrscheinlich. Deshalb nur Mut! Mein Tipp: Um Kratzer auf dem Klingenspiegel zu vermeiden, kann dieser mit Klebeband geschützt werden.

DIAMANTSCHÄRFER

Es gibt auf dem Markt Diamantschleifplatten, diese können natürlich auch benutzt werden. Vom Schärfen her sind sie so zu handhaben wie das Schärfen auf dem Stein. Es bedarf nur weniger Druck und auch Wasser ist nicht immer notwendig.

Kaufempfehlung

SCHLEIFSTEINE

Europäisch
Zische Silifix 220
Zische Korund Kombi 220/400er Körnung
Zische Missarka blue 500/ 1200er Körnung
Zische Missarka ultra

Japanisch
Taidea Abziehstein 240/1000
Taidea Kombistein 3000/8000

SCHLEIFPASTE
SiC-Feinschleifpaste GRAU

ABRICHTEN
Rutscher Abrichtstein
Siliziumcarbid-Pulver F24

DIAMANTSCHÄRFER
DMT-Platten

ABZIEHSTÄBE
DMT-Diamant Abziehstab Long Life

SCHLEIFPAPIER
Bosch

SHOPS
https://scherenkauf.com
https://www.dictum.com/de
https://www.schmiedeglut.de

Über den Autor

Wenn man die Werkstatt von Rafael Schlünder betritt, fühlt man sich ein bisschen wie bei Meister Eder und dem Pumuckl. Mit Backsteinmauern, alten Holztüren und Wanddeko vom Trödel wirkt der Raum im Hinterhof eines Münsteraner Wohnhauses so richtig urig und gemütlich. Doch Rafael Schlünder kommt nicht zum Ausruhen hierher. Ganz im Gegenteil: Der gelernte Zahntechniker feilt und sägt, hämmert und schmiedet, schmirgelt und poliert. Stahl wird erhitzt und wieder abgekühlt, in Form gebracht und weiterbearbeitet, bis am Ende ein hochwertiges, scharfes Messer vor Rafael Schlünder liegt.

„Zum Messermachen kam ich während des Studiums", sagt der Münsteraner, der vor einigen Jahren beruflich neue Wege einschlug und Geschichte, Theologie sowie Erziehungswissenschaften studierte, um als Inklusionshelfer an einer Gesamtschule zu arbeiten. Auf der Suche nach einem hochwertigen Outdoormesser war er überrascht von den hohen Preisen von 200–300€ und dachte sich: „Bevor ich so viel Geld ausgebe, kann ich mir besser mein eigenes Messer machen."

Also las sich Rafael Schlünder das notwendige Fachwissen an, besorgte sich ein Stück Stahl und die entsprechenden Werkzeuge und legte los. Das erste Messer entstand – und die Faszination des Messermachens hat ihn seitdem nicht mehr losgelassen. Er richtete sich eine kleine Werkstatt ein, baute eine Werkbank zum Messerschleifen und fing an, sein stetig wachsendes Fachwissen weiterzugeben. Bei Vorführungen auf Straßenfesten und in Kochstudios, aber auch in eigenen Schärfekursen. Dort bringt er den Teilnehmern bei, wie sie stumpfe Klingen in scharfe Messer verwandeln, mit denen das Schneiden wieder richtig Freude bereitet.

Danksagung

Mein besonderer Dank geht an meine Frau und an meinen guten Freund Thorsten, die mich bei der Arbeit immer unterstützt haben. Außerdem bedanke ich mich bei meinem Verlag LV.Buch, der das Projekt erst ermöglicht hat, mit besonderem Dank an Kristin Sommer, Anne Huntemann, Astrid Hafer, Timo Lutz, Geske Broszeit und Thomas Richter.

Vor allem bedanke ich mich bei allen, von denen ich lernen konnte, und die ihr Wissen und Können zur Verfügung gestellt haben, mit besonderem Dank an Leo Ulrich.

Glossar

ABTRAG
das Entfernen von Material

ABRICHTEN
eine unebene Fläche begradigen

ABZIEHEN
die Klinge im Wechsel über ein Schärfemedium (z. B. einen Abziehriemen) bewegen

ANSCHLIFF
das Herstellen einer Schnittfläche

AUSBRUCH
eine Beschädigung an der Schneide, an dieser Stelle fehlt ein Stück der Klinge (es ist herausgebrochen)

BALLIGKEIT
eine nach außen gewölbte Schneide

DRUCKSCHNITT
eine Art des Schneidens, bei der das Schnittgut nur durch den ausgeübten Druck zerteilt wird

GRAT
ein bei der Bearbeitung entstandener Materialüberstand

KÖRNUNG
die Größe von Schleifpartikeln

LEGIERUNG
ein Metallgemisch, das durch Schmelzen entsteht

RECURVEKLINGE
eine nach innen gebogene Schneide

SCHÄRFEWINKEL
der Winkel zwischen Klinge und Schleifstein

SCHNEIDWINKEL
der Winkel zwischen den Seiten der Schneidfase

SCHNITTHALTIGKEIT
eine lang anhaltende Schärfe durch Verschleißfestigkeit

ZUGSCHNITT
das Vor- und Zurückbewegen der Klinge beim Zerteilen des Schnittguts

Der alte Ofen ist noch aus meiner Zahntechniker-Zeit - zum Messermachen perfekt!
BEGO

Mehr aus der Begeisterungswerkstatt

Mit alten Funden zum trendigen Designstück

Zweite Chance für Kellerfunde

20 Kreativprojekte aus wiederverwendetem Material

Max McMurdo
248 Seiten | 21,5 x 25,5 cm
Hardcover

ISBN 978-3-7843-5539-9

Schon mal daran gedacht, die rostige Leiter aus der Garage in ein schickes Deko-Element zu verwandeln? In „Zweite Chance für Kellerfunde" zeigt Ihnen Max McMurdo den Weg zu Ihrem inneren Designtalent. Lernen Sie, wie Sie den perfekten „Schrott" aufspüren. Erfahren Sie etwas über die Techniken, mit denen Sie Ihre Fundstücke in attraktive Objekte verwandeln. Die simplen und doch kreativen Ideen werden Sie inspirieren. Für die 20 vorgestellten Projekte müssen Sie nicht über die teuerste Werkstattausrüstung verfügen oder irgendwelche Vorkenntnisse mitbringen. Einige Projekte sind mit ein paar einfachen Arbeitsschritten in kürzester Zeit fertiggestellt, für andere ist vielleicht ein Wochenende notwendig. Am Ende werden Sie anderen immer sagen können: Das habe ich selbst gebaut!

Salzlos glücklich: Gesund kochen mit Kräutern und Gewürzen

Salzlos genießen mit Kräutern und Gewürzen

Rezepte mit aromatischen Alternativen zu Salz

Michel Hanssen
196 Seiten | 20 x 25 cm
Hardcover mit Lesebändchen

ISBN 978-3-7843-5631-0

Ob im Sternerestaurant oder zuhause in der Küche: kochen ist würzen und abschmecken. Zu viel Salz schadet: Bluthochdruck, Nierenschäden und erhöhtes Herzinfarktrisiko können die Folge sein. Wer bewusster essen möchte, findet in diesem Kochbuch viele aromatische Alternativen zu Salz. Denn Rezepte ohne zugesetztes Salz bedeuten nicht Essen ohne Genuss!

- Feuerwerk der Aromen: Kräuter und Gewürze als Salzersatz
- Fischgewürz, Garam Masala oder Currypulver: So stellen Sie Gewürzmischungen selbst her!
- Von A wie Anis bis Z wie Zimt: praktische Liste geeigneter Kräuter und Gewürze
- Tipps zu Einkauf, Lagerung und Trocknung: So legen Sie Ihren persönlichen Gewürz-Vorrat an!

Impressum

LV.Buch im Landwirtschaftsverlag GmbH, 48084 Münster

1. Auflage 2019

Herausgeber: Thomas Richter
Fotografie: Astrid Hafer, Timo Lutz Werbefotografie, www.timo-lutz.de
Satz und Illustration: Anne Gäng, LV MediaPro
Lektorat: Anne Huntemann, Tecklenburg
Druck: Westermann Druck Zwickau GmbH

ISBN 978-3-7843-5626-6